Y

PETITE

ENCYCLOPÉDIE

POÉTIQUE DES SCIENCES.

IMPRIMERIE DE G. DOYEN,
rue Saint-Jacques, n. 58.

PETITE
ENCYCLOPÉDIE
POÉTIQUE
DES SCIENCES,

ou

RECUEIL DES MORCEAUX DE POÉSIE LES PLUS REMARQUABLES
QUI ONT RAPPORT À L'ASTRONOMIE, LA GÉOGRAPHIE, LA ZOOLOGIE,
LA BOTANIQUE, LA MYTHOLOGIE, LA PHYSIQUE, ETC. ;

PUBLIÉE PAR M. ROCH.

Astronomie.

Paris.

DELANGLE FRÈRES,
ÉDITEURS-LIBRAIRES,
RUE DU BATTOIR-SAINT-ANDRÉ-DES-ARCS, N. 19.

M DCCC XXVII.

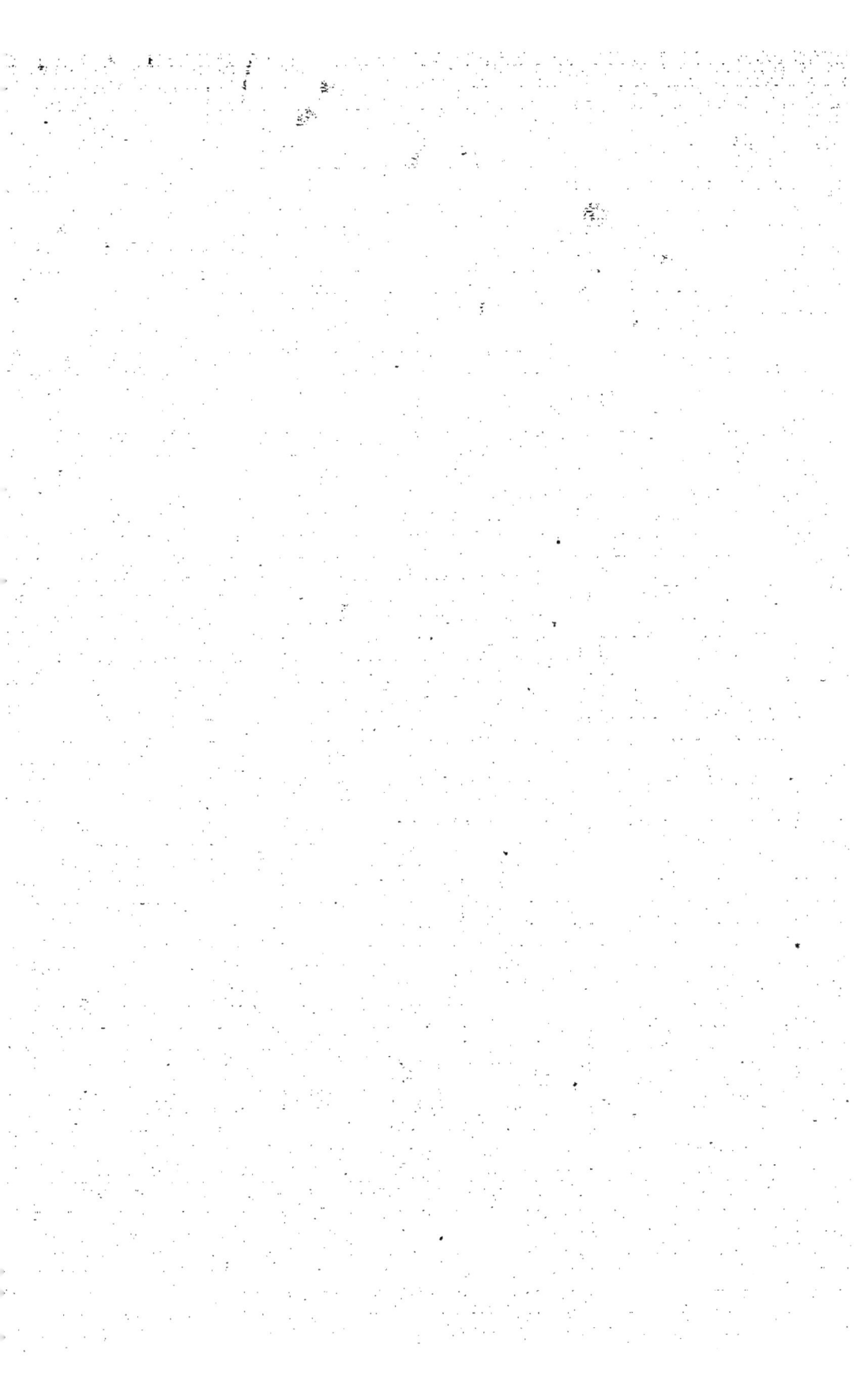

PRÉFACE.

L'impuissance jointe à la satiété, fruit du nombre infini des mauvais vers qui depuis long-temps inondent notre Parnasse, ont fait dénigrer la poésie; mais cet art appelé divin, et digne de ce nom, conservera toujours des priviléges qui laisseront bien loin de lui la *vile prose*, suivant la plaisanterie si connue de Voltaire; et dans quel temps la poésie trouva-t-elle plus de détracteurs que dans le siècle où ce grand poète en reculait les limites et en augmentait l'éclat? Néanmoins elle a survécu aux attaques de la médiocrité et de l'égoïsme, et si sa dégradation s'accomplit un jour, on ne devra en accuser que l'indigence de génie dans ses adorateurs.

Grâce au ciel son culte subsiste encore, et le génie poétique n'est pas éteint dans notre patrie. Dira-t-on que notre siècle est ennemi des vers, parce qu'une foule d'opuscules éphémères subissent leur destinée en tombant dès leur naissance dans l'oubli qu'ils méritent? Mais n'est-ce pas principalement en cette matière qu'il y a toujours eu beaucoup d'appelés et peu d'élus?

Pauci quos æquus amavit Jupiter.

Aux siècles de Périclès, d'Auguste et de Louis XIV, les rimailleurs n'abondaient-ils point comme de nos jours? Combien peu d'hommes remarquables ont vu cependant leurs œuvres survivre à leur existence, et leur réputation sanctionnée par la postérité! C'est ainsi que les arbres robustes résistent seuls aux rigueurs de l'hiver, dont le froid de-

vient mortel pour une foule de rejetons
avortés, nés autour de leurs racines!
et d'ailleurs aurait-on placé le séjour
d'Apollon sur la cime d'une roche es-
carpée, si l'abord avait dû en être facile
aux plus faibles mortels?

Sans parler ici de plusieurs réputa-
tions consommées, et qui seront du-
rables, ne suffit-il point, pour montrer
combien le culte des muses est encore
en honneur parmi nous, et quels lauriers nous pouvons ajouter à ceux de
nos prédécesseurs, de citer les succès
éclatants obtenus par deux poètes qui
ont introduit dans notre littérature
deux genres opposés, mais également
dignes de faire de nombreux imitateurs?
Un recueil publié récemment n'assigne-
t-il pas à son auteur (1) un des premiers

(1) Madame Amable Tastu.

rangs parmi les femmes poètes, et ne lui donne-t-il point le droit de disputer à madame Dufresnoy la palme que toutes les deux ont ravie à madame Deshoulières?

On est donc forcé de convenir que nous ne manquons pas de bons poètes, et que les bons poètes ne manquent pas d'encouragement. Mais il en doit être de la poésie comme de la musique : pour en acquérir un sentiment intime, pour se familiariser avec son rhythme, en quelque sorte comme avec un second accent naturel, il faut se livrer de bonne heure à cette étude, lire et réciter beaucoup de vers. Outre l'avantage d'exercer sa mémoire, on parvient à donner ainsi plus de flexibilité à son organe, plus de justesse à son débit; le langage poétique habitue l'oreille à n'admettre, même en prose, que des phrases harmonieuses, et l'imagination à produire d'heureuses images pour rendre les pensées d'une manière plus vivante.

C'est à l'âge où les fables commencent à paraître trop simples, et pour lequel la philosophie et la haute morale sont des études d'une nature trop élevée que notre petite *Encyclopédie poétique des Sciences* pourra être offerte avec succès. Elle aura ce précieux avantage d'enseigner aux jeunes gens la vérité au moyen de l'art réservé aux fictions, de graver pour toujours dans leur mémoire les éléments de l'ordre du monde et des œuvres de la nature, et, en ne leur présentant que des objets physiques, d'attacher leur esprit, soit par la grandeur ou la beauté du spectacle, soit par l'agrément du sujet ou par l'étonnante combinaison des ressorts.

L'adolescence, qui déjà s'éloigne de

l'enfance à quelques égards, et qui s'en rapproche par tant de points, continue d'apprendre, mais n'étudie point encore. Ainsi l'ordonnance d'un plan, l'enchaînement des faits, la méthode dans le développement des causes, l'art des transitions, lui sont entièrement étrangers, et ne lui présentent que longueur et uniformité. Des poèmes composés à dessein, où chaque scène se développerait graduellement, seraient donc bien loin de remplir le but de nos recueils, qui, en familiarisant les jeunes gens avec les noms de la plupart de nos grands poètes, les distrairont par la variété des genres et du style, outre qu'ils leur offriront des leçons toutes marquées, et presque à chaque page des repos naturels.

Mais quel est d'ailleurs l'homme de goût dont ce petit volume ne devra pas orner la bibliothèque? La plupart des personnes qui s'occupent de littérature, ont sans doute formé plus d'une fois le projet de réunir ainsi les différents passages de nos grands poètes sur les mêmes sujets ; ce que chacun aurait eu le désir de faire pour son agrément particulier, nous l'avons entrepris dans l'intérêt général.

L'astronomie (1) est une science aujourd'hui si répandue que nous avons cru devoir en former le premier volume de notre collection ; nous publierons successivement la *Zoologie* (histoire des

(1) On a publié un grand nombre d'ouvrages simplifiés sur l'astronomie ; nous n'en connaissons pourtant aucun qui soit à la portée des premières études, si ce n'est l'*Introduction à l'étude de la Géographie*, par M. Boniface. On annonce un jeu astronomique par M. Jouy, de l'académie française ; peut-être remplira-t-il cette lacune : le but de notre recueil n'est pas d'enseigner cette science, mais d'en graver dans la mémoire les principaux phénomènes.

animaux), la *Géographie*, la *Mythologie*, la *Botanique*, et une *Biographie
poétique*. Nous rassemblons des maté-
riaux pour quelques autres sciences,
de manière que dix ou douze petits volumes au plus forment l'ensemble de
cette *Encyclopédie*, qui n'a été entreprise que d'après les conseils et les
encouragments donnés à l'éditeur par
des littérateurs distingués et d'habiles
instituteurs. Nous ne réclamons pour
nous que le mérite de chercher à être
utile, en faisant valoir les œuvres d'au-
trui.

ASTRONOMIE
POÉTIQUE.

L'Étude de l'Astronomie.

L'homme doit s'attacher à connaître son
séjour, à en découvrir tous les agréments
et toutes les ressources ; c'est pour lui le
plus sûr moyen de l'embellir et de s'y
plaire. A chaque pas l'étude des sciences
lui révèle de nouveaux bienfaits de la nature, et procure à la société de nouvelles
jouissances. Que de plaisirs, que de com-
modités sont aujourd'hui notre partage et
furent inconnus à nos ancêtres! Nous les devons tous aux progrès des sciences ; la nature les avait créés pour eux aussi bien que
pour nous ; il ne fallait que les chercher.

Mais s'il est une étude digne de captiver
l'attention de l'homme, et dont il serait
honteux d'ignorer même les éléments,

c'est l'astronomie. Quel spectacle magnifique offrent à nos yeux ces milliers d'astres étincelants dont l'Être-Suprême a parsemé les voiles de la nuit! Qu'on se figure un homme créé tout à coup au sein des ténèbres et ouvrant les yeux pour la première fois, au moment où tous ces flambeaux éclairent la voûte céleste, ne se croirait-il pas jeté sur la terre uniquement pour contempler une scène aussi vaste et aussi brillante? Avec quelle admiration il les verrait monter et descendre le long de cet immense dôme d'azur après lequel ils paraissent suspendus, et bientôt s'éclipser tous à ses yeux! Quelle surprise, lorsque après s'être prosterné devant le globe éclatant du soleil, plongé à son tour dans l'Océan, il les verrait reparaître dégagés du voile de lumière qui les dérobait à ses regards, et bientôt avec quelle impatience il attendrait leur retour journalier pour étudier leur marche, comparer leur distance, distinguer leur éclat, observer leurs influences, et suivre tous leurs mouvements!

L'étude de l'astronomie n'offre pas seulement une noble récréation, capable d'élever l'ame au-dessus des passions terrestres, comme Voltaire l'a si bien exprimé dans l'Épître sur la philosophie de Newton; elle est encore une source de connaissances positives et utiles pour la navigation, l'agriculture et la géographie. D'ailleurs quel œuvre du Créateur se montre empreint d'un caractère plus imposant que cette multitude de corps célestes répandus dans l'espace, proclame son existence d'une manière plus solennelle, et peut mieux attester sa toute-puissance et son immensité?

L'EXISTENCE DE DIEU.

Oui, c'est un Dieu caché que le Dieu qu'il faut croire;
Mais tout caché qu'il est, pour révéler sa gloire,
Quels témoins éclatants devant moi rassemblés!
Répondez, cieux et mers; et vous, terre, parlez.
Quel bras peut vous suspendre, innombrables étoiles?
Nuit brillante, dis-moi, qui t'a donné des voiles?
O cieux! que de grandeur et que de majesté!

J'y reconnais un maître à qui rien n'a coûté,
Et qui dans vos déserts a semé la lumière,
Ainsi que dans nos champs il sème la poussière.

RACINE le fils.

INVOCATION AUX MUSES.

O vous à qui j'offris mes premiers sacrifices,
Muses, soyez toujours mes plus chères délices :
Dites-moi quelle cause éclipse dans leur cours
Le clair flambeau des nuits, l'astre pompeux des jours;
Pourquoi la terre tremble, et pourquoi la mer gronde;
Quel pouvoir fait enfler, fait décroître son onde;
Comment de nos soleils l'inégale clarté
S'abrège dans l'hiver, se prolonge en été;
Comment roulent les cieux, et quel puissant génie
Des sphères dans leur cours entretient l'harmonie.

VIRGILE. Traduction de DELILLE.

L'ÉTUDE DE L'ASTRONOMIE ET DES AUTRES SCIENCES.

Muses, guides de l'homme, ornements de son être,
Vous qui lui découvrez d'utiles vérités,
Et le rendez sensible aux grâces, aux beautés;
Muses, je vous aimai dès l'âge le plus tendre.

Je voulais tout sentir, tout peindre, tout apprendre.
Ciel! avec quel transport, quel plaisir vif et pur,
J'appris à distinguer sur le céleste azur
Ces globes dont Newton mesura la carrière,
Et que l'astre du jour dore de sa lumière!
De ces brillants soleils qui couvrent de leurs feux
Des mondes ignorés suspendus autour d'eux,
Mon esprit s'élançait dans l'étendue obscure;
Je voyais sous mes pas s'agrandir la nature:
J'ajoutais chaque instant un monde à l'univers;
Et franchissant encor l'immensité des airs,
Revenu sur la terre à ce point invisible
Qui décrit dans l'espace un trait imperceptible,
J'observais les ressorts, les mœurs des animaux.
Je savais dans leur rang placer les végétaux.
J'étais ravi de voir à travers un méandre
La sève en circulant s'élever et descendre.
J'appris pourquoi les mers, bravant la pesanteur,
Vont deux fois en un jour du pôle à l'équateur.
Je cherchais dans les airs les causes du tonnerre;
J'aurais voulu percer le centre de la terre,
Voir sous la main du temps les marbres s'y former,
Et sous les monts tremblants les métaux s'enflammer.

SAINT-LAMBERT. (*Les Saisons.*)

L'ASTRONOMIE SOUS LE RAPPORT PHILOSOPHIQUE.

Tu m'appelles à toi, vaste et puissant génie,
Minerve de la France, immortelle Émilie;
Je m'éveille à ta voix, je marche à ta clarté
Sur les pas des vertus et de la vérité;
Je quitte Melpomène et les jeux du théâtre,
Ces combats, ces lauriers, dont je fus idolâtre;
De ces triomphes vains mon cœur n'est plus touché.
Que le jaloux Rufus, à la terre attaché,
Traîne au bord du tombeau la fureur insensée
D'enfermer dans un vers une fausse pensée;
Qu'il arme contre moi ses languissantes mains
Des traits qu'il destinait au reste des humains;
Que quatre fois par mois un ignorant Zoïle
Élève, en frémissant, une voix imbécile:
Je n'entends point leurs cris que la haine a formés;
Je ne vois point leurs pas dans la fange imprimés.
Le charme tout-puissant de la philosophie
Élève un esprit sage au-dessus de l'envie.
Tranquille au haut des cieux que Newton s'est soumis,
Il ignore en effet s'il a des ennemis.

VOLTAIRE.

LE POÈTE ASTRONOME.

Quand verrai-je ces vers, enfants de ton génie,
Ces vers où la raison parle avec harmonie ?
Ils sont faits pour charmer les beaux lieux où je suis.
Du jardin d'Apollon nous cueillons tous les fruits ;
Newton est notre maître, et Milton nous délasse.
Nous combattons Malbranche, et relisons Horace.
Ajoute un nouveau charme à nos plaisirs divers.
Heureux le philosophe épris de l'art des vers !
Mais heureux le poète épris de la science !
Les mots ne bornent point sa vive intelligence ;
Des mouvements du ciel il dévoile le cours ;
Il suit l'astre des nuits et le flambeau des jours ;
Loin des sentiers étroits de la Grèce aveuglée,
Son esprit monte aux cieux, qu'entr'ouvrit Galilée ;
Il connaît, il admire un univers nouveau.
On ne le verra point sur les pas de Boileau,
Douter si le soleil tourne autour de son axe,
Et l'astrolabe en main, chercher un parallaxe,
Il attaque, il détrône, il enchaîne en beaux vers
Les affreux préjugés, tyrans de l'univers.

                                    VOLTAIRE.

Origine de l'Astronomie.

L'étude de l'astronomie remonte à la plus haute antiquité; on en trouve des traces chez les Indiens et chez les Chinois, dans les siècles les plus reculés; mais les Égyptiens, sur les bords du Nil, et les Chaldéens, sur les bords de l'Euphrate, sont les peuples dont les découvertes astronomiques se présentent les premières par leur certitude et leur importance. Les loisirs de la vie pastorale devaient porter naturellement les habitants de ces contrées à la contemplation des astres, et la pureté du ciel favorisait leurs observations.

ORIGINE DE L'ASTRONOMIE.

Cependant vers l'Euphrate on dit que des pasteurs,
Du grand art de Képler (1) rustiques inventeurs,

(1) Célèbre astronome né dans le Wurtemberg.

Étudiaient les lois de ces astres paisibles
Qui mesurent du temps les traces invisibles,
Marquaient et leur déclin et leur cours passager ;
Le gravaient sur la pierre, et du globe étranger (1)
Que l'univers tremblant revoit par intervalle,
Savaient même embrasser la carrière inégale.
Ainsi l'astronomie eut les champs pour berceau ;
Cette fille des cieux illustra le hameau.
On la vit habiter, dans l'enfance du monde,
Des patriarches-rois la tente vagabonde,
Et guider le troupeau, la famille, le char,
Qui parcouraient au loin le vaste Sennaar.
Bergère elle aime encor ce qu'aima sa jeunesse :
Dans les champs étoilés la voyez-vous sans cesse
Promener le Taureau, la Chèvre, le Bélier,
Et le Chien pastoral, et le char du Bouvier (2);
Ses mœurs ne changent point, et le ciel nous répète
Que la docte Uranie a porté la houlette.

FONTANES.

(1) Les comètes.
(2) Noms de quelques constellations ou groupes d'étoiles.

RENAISSANCE DE L'ASTRONOMIE (1).

L'ASTROLABE (2).

Sous le ciel toujours pur de la Lusitanie,
Déjà depuis long-temps l'immortelle Uranie
Près des rives du Tage avait fixé sa cour ;
Ses sublimes leçons, dans cet heureux séjour,
Du pilote attentif éclairant la mémoire,
Ranimaient ce bel art qu'aux siècles de leur gloire,
Du sommet de leurs tours et du pied des autels,
La Chaldée et l'Égypte apprirent aux mortels.
Un prince (3) triomphant du Maure et de l'Arabe,
Conquit sur les vaincus le savant astrolabe
Qui des cieux enflammés mesure la hauteur,
Et qui du nautonier sage modérateur,
Consultant tour à tour la nuit et la lumière,
Lui marque sur les flots sa place et sa carrière.

ESMÉNARD.

(1) Dans le Portugal, au quinzième siècle.
(2) Instrument pour observer la hauteur des astres.
(3) Jean II.

La Lumière.

La lumière est la vie elle-même, elle est l'ornement des mondes, et sans elle l'univers aurait été créé en vain : seule elle en révèle l'existence et en atteste la réalité ; elle mérite donc nos premiers hommages.

Le soleil paraît être la source de la lumière, puisqu'elle est inséparable de sa présence ; elle emploie huit minutes treize secondes à nous parvenir de cet astre, trajet qu'un boulet de canon, en conservant toujours la même vitesse, mettrait six années et trois mois à parcourir.

Qui pourrait expliquer comment le soleil, sans cesser d'être inépuisable, suffit depuis tant de siècles à une aussi prodigieuse émanation de matière lumineuse ?

LA LUMIÈRE DU SOLEIL.

Salut, clarté du jour, éternelle lumière;
Du ciel la fille aînée, et la beauté première :
Peut-être du Très-Haut rayon coéternel,
Si te nommer ainsi n'outrage point le ciel;
Que dis-je! Dieu t'unit à sa divine essence;
Dieu même est la lumière, et sa toute-puissance
Comme d'un pavillon s'environne de toi.
Éclatant tabernacle où réside ton roi,
Brillant écoulement de sa gloire immortelle,
Comme elle inaltérable, et féconde comme elle,
Ruisseau pur et sacré qui, coulant à jamais,
En dérobant ta source épanches tes bienfaits;
Salut! avant qu'un mot eût enfanté le monde,
Eût arraché la terre aux abîmes de l'onde,
Eût assis le soleil sur le trône des airs,
Et sur le vide immense eût conquis l'univers,
Tu brillais de ses feux; l'insensible matière
En recevant la vie a senti la lumière;
Et comme un voile pur du ciel resplendissant,
Tu jetas la clarté sur ce monde naissant.

MILTON. Traduction de DELILLE.

HOMMAGE DE LA PEINTURE.

Globe resplendissant, Océan de lumière,
De vie et de chaleur source immense et première,
Qui lances tes rayons par les plaines des airs,
De la hauteur des cieux aux profondeurs des mers,
Et seul fais circuler cette matière pure,
Cette sève de feu qui nourrit la nature,
Soleil, par ta chaleur l'univers fécondé,
Devant toi s'embellit de lumière inondé;
Le mouvement renait, les distances, l'espace;
Tu te lèves, tout luit; tu nous fuis, tout s'efface;
Le poète sans toi fait entendre ses vers;
Sans toi la voix d'Orphée a modulé ses airs;
Le peintre ne peut rien qu'aux rayons de ta sphère.
Père de la couleur, auteur de la lumière,
Sans les jets éclatants de tes feux répandus,
L'artiste, le tableau, l'art lui-même n'est plus.

LEMIERRE. (*La Peinture.*)

Le Soleil.

Le soleil est un globe enflammé, éloigné de notre terre d'environ trente-cinq millions de lieues, et près de quatorze cent mille fois plus gros qu'elle. Nous avons dit le temps qu'il faudrait à un boulet de canon pour aller de la terre au soleil; son diamètre est de trois cent quinze mille lieues.

Nous croyons voir chaque jour le soleil se lever à l'orient, parcourir un cercle au-dessus de nos têtes et se coucher à l'occident. Cette marche n'est point réelle, et nos sens nous font illusion. Le soleil est fixe sur son axe, sur lequel il tourne en ving-cinq jours seize heures quarante-huit minutes. Autour de lui circulent continuellement notre terre et dix autres planètes ou mondes errants, qui emploient plus ou moins d'années les unes que les autres à faire ce circuit.

On a cru long-temps que le soleil et tous les autres astres tournaient autour de la terre, qui se trouvait ainsi placée au centre du monde. Ce système était celui de *Ptolémée*, célèbre astronome égyptien, dont il a retenu le nom. Aujourd'hui le *système de Copernic*, qui fait tourner la terre autour du soleil immuable, est généralement adopté; toutes les découvertes et les observations astronomiques démontrent qu'il est le seul vrai. Les mots de *lever* et de *coucher*, employés pour désigner le moment où nous revoyons le soleil et celui où nous le perdons de vue, manquent donc d'exactitude; mais puisque l'habitude les a consacrés, il faut seulement prendre garde, lorsqu'on s'en sert, de ne pas attacher de fausses idées à leur signification.

Le soleil attire, par une puissance secrète, les astres qui l'environnent, et les soutient dans l'espace, où il les emporte avec lui en se déplaçant peu à peu, mais avec une lenteur si excessive, qu'il est impossible de calculer les lois de ce mouvement. Quant à la réalité de sa rotation sur lui-même en 25 jours, les taches qu'on remarque à sa surface ont beaucoup aidé à la déterminer.

Ces taches varient beaucoup par la grandeur et le nombre; on en a observé qui avaient quatre et cinq fois plus de largeur que la terre; quelquefois on en a compté jusqu'à soixante dans un temps et seulement deux ou trois dans un autre. Il n'y a pas encore d'opinion bien arrêtée sur leur nature. Les uns pensent qu'elles sont inhérentes au corps du soleil; d'autres qu'elles ont lieu dans son *atmosphère*, corps fluide, léger et transparent au milieu duquel il nage, et dont la hauteur, suivant Herschell, célèbre astronome anglais, est de six à neuf cents lieues. Il suffit d'exister pour sentir que le soleil est la source de la lumière, de la chaleur, de la fécondité et de la vie.

INVOCATION AU SOLEIL.

Ambitieux rival des maîtres de la lyre,
Qu'un autre des guerriers échauffe le délire ;
Qu'un autre, mariant de coupables couleurs,
Soit le peintre du vice, et le pare de fleurs :
Moi, voué jeune encore à de plus nobles veilles,
Moi, qui de la nature observai les merveilles,
J'aime mieux du soleil chanter les douze enfants
Qui d'un pas inégal le suivent triomphants,
Et de signes divers la tête couronnée,
Monarques tour à tour, se partagent l'année.
Toi qui combats toujours, et toujours plus ardent,
De triomphe en triomphe atteints à l'occident ;
Toi qui de la nature enfantas l'harmonie,
O soleil ! c'est toi seul qu'implore mon génie.
Sois l'astre de ma muse, et préside à mes vers :
Comme toi, mon sujet embrasse l'univers.

                                    ROUCHER.

SA CRÉATION.

O grand astre ! ô soleil ! ta loi toute-puissante
Régit de l'univers la sphère obéissante ;
Depuis l'ardent Mercure (1), en tes feux englouti,

(1) Planète la plus voisine du soleil.

                                                    3.

Jusqu'à ce froid Saturne (1) au pas appesanti,
Qui prolonge trente ans sa tardive carrière,
Ceint de l'anneau mobile où se peint ta lumière,
Tu les gouvernes tous. Qui peut te gouverner ?
Quel bras autour de toi t'a contraint de tourner ?
Soleil! ce fut un jour de l'année éternelle!
Aux portes du chaos Dieu s'avance et t'appelle;
Le noir chaos s'ébranle, et de ses flancs ouverts,
Tout écumant de feux, tu jaillis dans les airs.
De sept rayons premiers (2) ta tête est couronnée;
L'antique nuit recule, et par toi détrônée,
Craignant de rencontrer ton œil victorieux,
Tu cédas la moitié de l'empire des cieux.

                                   FONTANES.

SON EMPIRE.

Centre de l'univers et monarque du jour,
Le soleil cependant, immense, solitaire,
Dans son orbe lointain voit rouler notre terre.
Il échauffe, il nourrit de ses jets éclatants
Ces globes, loin de lui, dans le vide flottants,
Et, les animant tous de ses clartés fécondes,
De ses rênes de feu guide et retient les mondes.

(1) Planète la plus éloignée du soleil.
(2) Les sept couleurs de l'arc-en-ciel.

Lui seul de l'univers supportant le fardeau,
Il en est le foyer, et l'axe et le flambeau :
En tournant sur lui-même il échauffe sa masse,
Et dispense ses feux jusqu'au bord de l'espace;
Ardent, inépuisable en sa fécondité,
Inébranlable et fixe en sa mobilité.
Soleil! astre sacré, contemple ton empire!
Tout vit par tes regards, tout brille, tout respire!
Souverain des saisons, le monde est ton palais,
Les globes sont ta cour, et le ciel est ton dais.
Notre terre à tes yeux sans fin se renouvelle,
Et roulant nos débris sur sa route éternelle,
Le temps emporte tout, mais il ne t'atteint pas.
Les révolutions, longs tourments des états,
Ébranlent notre globe et te sont étrangères;
Tu n'es jamais troublé du bruit de nos misères;
Et ton front toujours calme éclaire les tombeaux
Des peuples dont tu vis s'élever les berceaux.
Qui pourrait s'égaler à ta vaste puissance?
Ta présence est le jour, et la nuit ton absence;
La nature sans toi, c'est l'univers sans Dieu.

CHÊNEDOLLÉ.

SA PRÉSENCE.

Dans une éclatante voûte
Il (1) a placé de ses mains
Ce soleil qui dans sa route
Éclaire tous les humains.
Environné de lumière,
Cet astre ouvre sa carrière,
Comme un époux glorieux,
Qui, dès l'aube matinale,
De sa couche nuptiale
Sort brillant et radieux.

L'univers en sa présence
Semble sortir du néant.
Il prend sa course, il s'avance
Comme un superbe géant.
Bientôt sa marche féconde
Embrasse le tour du monde
Dans le cercle qu'il décrit ;
Et par sa chaleur puissante
La nature languissante
Se ranime et se nourrit.

J.-B. ROUSSEAU.

(1) Dieu.

SES BIENFAITS.

O toi dont l'Éternel a tracé la carrière,
Toi qui fais végéter et sentir la matière,
Qui mesures le temps et dispenses le jour,
Roi des mondes errants qui composent ta cour,
Du dieu qui te conduit noble et brillante image,
Les saisons, leurs présents, nos biens sont ton ouvrage.
Tu disposas la terre à la fécondité,
Quand tu la revêtis de grâce et de beauté.
Tu t'élevas bientôt sur la céleste voûte,
Et des traits plus ardents ont embrasé ta route.
De l'équateur au pôle ils pénètrent les airs,
Le centre de la terre et l'abîme des mers ;
A des êtres sans nombre ils donnent la naissance ;
Tout se meut, s'organise et sent son existence ;
La matière est vivante, et des champs enflammés
Le sable et le limon semblent s'être animés.

SAINT-LAMBERT.

SA JEUNESSE ET SA FÉCONDITÉ INÉPUISABLE.

Roi du monde et du jour, guerrier aux cheveux d'or,
Quelle main, te couvrant d'une armure enflammée,
Abandonna l'espace à ton rapide essor,

Et traça dans l'azur ta route accoutumée ?
Nul astre à tes côtés ne lève un front rival;
Les filles de la nuit à ton éclat pâlissent;
La lune devant toi fuit d'un pas inégal,
Et ses rayons douteux dans tes flots s'engloutissent :
Sous les coups réunis de l'âge et des autans,
Tombe du haut sapin la tête échevelée;
Le mont même, le mont, assailli par le temps,
Du poids de ses débris écrase la vallée.
Mais les siècles jaloux épargnent ta beauté;
Un printemps éternel embellit ta jeunesse;
Tu t'empares des cieux en monarque indompté,
Et les vœux de l'amour t'accompagnent sans cesse :
Quand les vents font rouler, au milieu des éclairs,
Le char retentissant qui porte le tonnerre,
Tu parais, tu souris et consoles la terre.
Hélas! depuis long-temps tes rayons glorieux
Ne viennent plus frapper ma débile paupière !
Je ne te verrai plus, soit que dans ta carrière
Tu verses sur la plaine un océan de feux,
Soit que vers l'occident le cortège des ombres
Accompagne tes pas, ou que les vagues sombres
T'enferment dans le sein d'une humide prison !
Mais peut-être, ô soleil! tu n'as qu'une saison;
Peut-être, succombant sous le fardeau des âges,
Un jour tu subiras notre commun destin :

Tu seras insensible à la voix du matin,
Et tu t'endormiras au milieu des nuages.

BAOUR-LORMIAN.

LE SOLEIL DÉTRÔNÉ.

Le soleil dans les cieux conservait tous ses droits;
Quand des savants qu'emporte une coupable audace
Conspirent contre lui, le chassent de sa place;
Et de vains préjugés apôtres insolents,
Abattent la raison sous le rapport des sens.
La terre au sein des airs paraissait immobile,
Tandis que le soleil semblait d'un pas agile,
Traversant chaque jour tout l'espace des cieux,
Tour à tour s'éclipser et renaître à leurs yeux.
Alors n'écoutant plus qu'un aveugle délire,
Et de la vérité méconnaissant l'empire,
D'une main téméraire ils viennent de Phébus
Renverser les honneurs si long-temps reconnus.
Victime du complot formé par l'ignorance,
Ce roi majestueux a perdu sa puissance;
Tandis qu'un globe épais (1), sans chaleur, sans clarté,
Qui ne doit qu'au soleil ce qu'il a de beauté,
Obtenant de l'erreur les vœux et le suffrage,
Du souverain des cieux usurpe le partage.

(1) La terre.

Touchés de ses honneurs injustement flétris,
En vain plus d'une fois quelques sages esprits
Voulurent réparer cette nouvelle injure,
Et rendre tous ses droits au roi de la nature.
De ce rapide éclair la subite clarté
Du préjugé reçu frappant l'obscurité,
Disparut à l'instant : au sein d'une nuit sombre,
Tel un trait lumineux brille et se perd dans l'ombre,
Le globe de la terre installé par l'erreur
D'un pouvoir usurpé sut maintenir l'honneur.
De ces nouveaux savants, le fameux Ptolémée
Concentrant en lui seul toute la renommée,
Recueillit à jamais le fruit de leurs travaux,
Dans un oubli profond laissa tous ses rivaux,
Seul hérita pour eux d'une gloire immortelle,
En attachant son nom à la sphère nouvelle.

RICARD.

HOMMAGE AU SOLEIL.

Le roi du jour s'approche : avec quel appareil
Il s'annonce au sommet des montagnes sauvages!
Des flots d'or sont partis de l'horizon vermeil;
La terre se colore, et les chantres volages,
Prêts de faire éclater d'harmonieux ramages,
Avec un doux tumulte attendent le soleil.

Le voyez-vous paraître au bord de sa carrière ?
Prosternez-vous, mortels ! des torrents de clarté
Tombent en un instant de son char de lumière :
Il lance les rayons de la fécondité,
Donne l'être au néant, le souffle à la matière,
Et l'espace est rempli de son immensité.
Miroir éblouissant de la Divinité !
Le temps jette à nos pieds le cèdre des montagnes :
Le temps couche les monts au niveau des campagnes ;
Mais toi ! rien ne flétrit ton antique beauté :
Ta chevelure d'or flotte sur les nuages,
Et ton astre, emporté sur l'océan des âges,
Au milieu d'un ciel pur roule avec majesté !
O père des saisons ! que le mage t'implore !
Qu'aux champs péruviens, aux rivages du Moro,
Le peuple adorateur rende un culte à tes feux ;
Qu'au devant de ton char, les enfants de l'Aurore
Élèvent à l'envi leur cantique amoureux !
Ces tributs sont la voix de la reconnaissance.
Comme un dieu bienfaiteur, tu montes dans les cieux,
Versant sur l'univers la joie et l'espérance.
Et pourquoi l'homme, heureux de ta seule présence,
T'aurait-il refusé son encens et ses vœux ?
Ame du mouvement ! principe de la vie !
Depuis l'esprit humain que ta flamme délie,
Jusqu'au vil moucheron qu'un jour forme et détruit,
C'est par toi que tout naît, tout agit, tout désire.

4

Le cortège léger dont la pompe te suit,
Les heures, la rosée, et le tiède zéphire,
Dispensent à nos champs, pour orner ton empire,
Les couleurs, les parfums, et la fleur et les fruits.
Tu ne te bornes point à décorer la terre;
Ton regard des rochers perce l'abîme obscur,
Fait croître les métaux, fait végéter la pierre,
Donne au rubis ses feux, au saphir son azur.
De tes rayons pourprés la topaze étincelle;
Le diamant reçoit leur éclat le plus pur;
Tu les fais vaciller sur l'opale infidèle,
Et la verte émeraude égale en sa beauté
Le rideau du printemps par les vents agité.
Quel charme tu répands sur la nature entière!
Le fougueux ouragan se calme à ton retour :
L'humble ruisseau, noirci d'une ombre bocagère,
Resplendit sur le sable où ton rayon l'éclaire :
La friche d'un désert, les débris d'une tour
Sont revêtus par toi d'une grâce étrangère :
On croit voir s'égayer, à l'aspect d'un beau jour,
Le bois mélancolique et la triste fougère.
Si le ciel m'ordonnait d'aller chanter tes feux
Dans les rochers brûlants du nouvel hémisphère,
J'irais, puisque ton astre embellit tous ces lieux !
J'y porterais ma lyre, et je mourrais heureux
Si mon dernier regard contemplait ta lumière.

LÉONARD.

EFFROI DES PEUPLES SEPTENTRIONAUX SUR LA DISPARITION DU SOLEIL.

Sur un char paresseux, le soleil tristement
Se lève, enveloppé d'un sombre vêtement.
Quelle affreuse pâleur déshonore sa face !
Comme rapidement sa lumière s'efface !
De l'empire des airs n'est-il donc plus le roi ?
Qu'a-t-il fait de ses traits ? où sont-ils ? et pourquoi
Si long-temps à la nuit abandonner son trône ?
Est-ce là le vainqueur que la flamme couronne ?
Est-ce lui qui, naguère ardent, ambitieux,
Franchissait tous les jours l'immensité des cieux,
De torrents de lumière inondait les campagnes,
Et, dardant ses rayons jusqu'au flanc des montagnes,
Empreignait le rocher de germes créateurs ?
Vous, de son feu sacré zélés adorateurs,
Héritiers des Incas, enfants de Zoroastre,
Venez dans notre Europe et contemplez cet astre
Devant qui chaque jour fléchissent vos genoux.
Est-ce là votre dieu ? le reconnaissez-vous ?
Vous pâlissez ! vos yeux se remplissent de larmes.
Peuples simples et doux, je conçois vos alarmes :
En contemplant son front et livide et glacé,
Vous croyez de la mort votre dieu menacé ;
Vous craignez que le ciel, pour venger quelque outrage,

N'aille renouveler cet antique naufrage

Qui, brisant, ruinant le monde primitif,

Dispersa des humains le reste fugitif,

Comme eux vous redoutez d'éternelles ténèbres,

Et remplissez les airs de cris lents et funèbres (1).

Rassurez-vous ; le ciel vous promet sa faveur,

Et vous verrez bientôt naître votre sauveur :

C'est le soleil. Tournez vos regards vers l'aurore ;

C'est de là que ce dieu, tout rayonnant encore,

Après deux fois dix jours de cinq nuits alongés,

Viendra dissiper l'ombre où nous sommes plongés.

Les peuples marcheront à sa vive lumière;

Il rendra la nature à sa beauté première.

ROUCHER. (Poëme des *Mois*.)

DIFFÉRENTS CULTES RENDUS AU SOLEIL (2).

Triomphe du soleil, triomphe mémorable (3),

Qui, dans tous les climats embelli par la fable,

(1) Cet effroi dont le poète prétend que seraient pénétrés les peuples des beaux climats de l'Asie et de l'Amérique, si tout à coup ils se trouvaient transportés sous notre ciel occidental au mois de décembre, n'est point une fiction poétique. Les anciens septentrionaux, quoiqu'accoutumés à la disparition annuelle du soleil pendant un long espace de temps, craignaient chaque année de survivre à la destruction de cet astre. Nous savons que cette terreur agitait presque tous les anciens peuples. Les derniers jours de l'année, dans l'antiquité, furent des jours de deuil et de tristesse.

(2) Presque toutes les fêtes de l'antiquité n'étaient qu'une représentation allégorique de la marche du soleil dans le zodiaque et de son influence sur la terre.

(3) Toute l'antiquité célébrait, vers le 25 décembre, le retour

Et, sous des noms divers d'âge en âge porté,
Par l'Europe et l'Asie est encore chanté ;
Le Nil du roi des ans attestait la puissance,
Alors que d'Harpocrate (1) il fêtait la naissance ;
Oromaze, ce dieu des antiques Persans,
Ce dieu, père du bien, lui dont les traits perçants
De la nuit et du mal vainquirent le génie,
Et qui dans l'univers établit l'harmonie,
Ne figurait-il point le monarque du jour,
Réparateur des maux du terrestre séjour ?
Et ce maître des dieux, dont le brillant tonnerre
Châtia la fureur des enfants de la terre
Quand ces Titans (2), au jour de leur rébellion,
Sur l'Olympe entassaient l'Ossa, le Pélion,
N'est-il pas du soleil l'histoire symbolique ?
Et nous-même, aujourd'hui quand de sa route oblique
Cet astre atteint la borne et revient sur ses pas,

du soleil dans le solstice d'hiver, sous le nom de *naissance* ; la fin de l'année était honorée, dans les mêmes siècles, du nom de *triomphe*, de *victoire* ; ce triomphe, cette victoire, dignes de la reconnaissance des hommes, était la défaite de la nuit, des ténèbres les plus longues par le héros de la lumière.

(1) Dieu égyptien, fils d'Isis et d'Osiris ; les Grecs en ont fait le dieu du silence : en Égypte on le prenait pour le soleil, et une chouette, symbole de la nuit, était placée derrière lui, pour exprimer qu'il lui tournait le dos.

(2) Roucher prétend que la fable des géants n'est que l'histoire allégorique des désastres de la nature : les volcans, les inondations, les exhalaisons brûlantes et pestilentielles, et l'hiver avec ses frimas.

Dans les remparts de Dreux ne célébrons-nous pas.
L'époque solennelle où de l'humaine race
Le soleil qui renaît console la disgrâce ?
Que nous dit en effet ce long cri répété
Dont tous les Drusiens (1) remplissent leur cité ?
Qu'enseignent les brandons qui, dans cette nuit sainte,

(1) La veille du vingt-cinquième jour de décembre, le peuple de Dreux se rend sur la place publique, au nombre de quinze cents, deux mille et quelquefois trois mille personnes : toutes sont à jeun, dans un recueillement qui a quelque chose de religieux, et portent à la main un gros morceau de bois de chêne, qu'elles ont eu soin de faire sécher pendant deux mois à la chaleur du four. A cinq heures on allume ces brandons, qu'on appelle *flambars* ; la foule se met en marche, et fait trois fois le tour d'une longue halle qui s'élève au milieu de la place, en criant : *Noël, noël ; noël, noël.* La procession achevée, on marche vers le cimetière. Là chacun se met à genoux sur le tombeau de ses parents, enfonce dans la terre le reste de son *flambar*, qui achève de s'y consumer, prononce une prière, et se retire.

Les citoyens qui sont demeurés fidèles à cette coutume n'ont gardé à la vérité aucune mémoire du temps ni du motif de son origine. Ils font aveuglément ce que faisaient leurs ancêtres ; mais en rapprochant les cérémonies semblables conservées dans les fastes de la Perse, de l'Égypte, de la Chine et de la Grèce, on voit un symbole aussi clair qu'ingénieux du soleil rallumé au solstice, soit d'hiver, soit d'été, suivant la différence des temps auxquels ces peuples commençaient leur année. Cette fête s'appelle à Ispahan, à Pékin, à Zédo, comme autrefois à Memphis, la *fête des lanternes.* C'est un jour, ou plutôt une nuit de réjouissance : tout l'extérieur des maisons est illuminé, et chaque propriétaire, à la Chine, élève, en lettres de feu, cette inscription : *Au roi n.... de l'année.* (Extrait des notes du poème, édition de 1779.)

De la place publique ont éclairé l'enceinte,
Et qui brûlent enfin dressés sur les tombeaux ?
Ainsi qu'aux premiers temps, tous ces mille flambeaux
Des rayons du soleil sont le mystique emblème.
Ces cris proclament l'heure où l'Hercule suprême,
De son courage éteint ressuscitant l'ardeur,
Va rendre aux jours plus longs leur première splendeur.
C'est par des feux encore où se peint son image
Qu'il reçoit du Cathay le solennel hommage.
Dès qu'arrive l'année à sa dernière nuit,
De lampes, de flambeaux, tout l'empire reluit ;
Et de chaque saison la porte illuminée
Se pare de ces mots : *Au vrai roi de l'année.*

ROUCHER.

Système planétaire.

On distingue les astres en planètes, comètes, satellites des planètes, et étoiles fixes. Ces dernières ne changent point de place; les autres se meuvent continuellement.

Les planètes que nous connaissons aujourd'hui sont au nombre de onze. Voici leurs noms avec les signes qui les représentent :

Mercure, un caducée ☿.

Vénus, un miroir avec son manche ♀.

La terre, une boule surmontée d'une croix ♁.

Mars, une flèche ♂.

Vesta, un autel ⚶.

Junon, un sceptre surmonté d'une étoile ⚵.

Cérès, une faucille ⚳.

Pallas, un fer de lance ⚴.

Jupiter, un Z barré ♃.

Saturne, une faux ♄.

Uranus ou Herschell, un H barré ♅.

Ces planètes circulent autour du soleil fixe au milieu d'elles, et emploient plus ou moins de temps à cette révolution. Autour de quatre de ces planètes se meuvent aussi un ou plusieurs corps célestes beaucoup plus petits, et qu'on appelle leurs *satellites*. L'appareil de ces onze corps célestes et de leurs dix-sept lunes ou satellites, décrivant des orbites autour du soleil, forme ce que nous nommons le système *planétaire* ou système *solaire*.

Les planètes sont indiquées ci-dessus dans l'ordre de leur proximité du soleil ; les deux qui sont plus près du soleil que la terre (Mercure et Vénus), ont reçu la dénomination de *planètes supérieures*. Les huit autres, qui en sont plus éloignées, celle de *planètes inférieures*. Vesta, Junon, Cérès et Pallas, n'étaient point connues des anciens ; elles ont été découvertes très-récemment.

L'orbite ou la route que suivent les pla-

nètes en circulant autour du soleil ne res-
semble pas précisément à un cercle, mais
à une ellipse ou à un ovale dont le soleil
occupe un des foyers ; elles ne se heurtent
pas entre elles, d'abord parce qu'elles sont
plus éloignées du soleil les unes que les
autres, ensuite parce qu'elles ne sont point
placées dans le même plan, c'est-à-dire à
la même hauteur. Ainsi l'on peut figurer
l'image de leurs orbites en mettant plusieurs cerceaux alongés en ellipses les uns
dans les autres ; puis, en les disposant de
manière que la même broche de fer leur
serve à tous de petit axe, et que les côtés à
droite et à gauche soient plus ou moins
élevés ou abaissés, c'est-à-dire qu'ils soient
inclinés entre eux.

Les planètes sont des corps opaques ;
elles n'ont point de clarté par elles-mêmes,
et réfléchissent seulement celle que leur
envoie le soleil. Aussi leur lumière douce
et paisible sert à les faire remarquer parmi
les étoiles, dont la lumière est toujours en
mouvement ou en scintillation.

L'ORDRE ASSIGNÉ AUX ASTRES.

L'univers existait ; mais l'univers encore
Ne voyait point régner l'ordre qui le décore.
Enfin à ce grand tout un Dieu donna des lois,
Et, destinant chaque être à d'éternels emplois,
Lui marqua son séjour, son rang et sa durée.
Il déploya des cieux la tenture azurée,
Du soleil sur son trône en fit le pavillon,
Voulut qu'il y régnât, et qu'à son tourbillon
Il enchaînât en roi le monde planétaire ;
Que, du globe terrestre esclave tributaire,
Le nocturne croissant dont Phébé resplendit
Sous les feux du soleil tous les mois s'arrondit.

ROUCHER.

MOUVEMENTS DES CORPS CÉLESTES.

Lève tes yeux au ciel, homme, et songe tout bas
Que tu n'habites point dans tes propres états.
Envisage ces cieux, vaste et brillant domaine,
D'où cette terre et toi s'aperçoivent à peine ;
Ne pousse pas plus loin tes regards indiscrets :
Le reste a devant Dieu ses usages secrets ;
Même en les ignorant il faut qu'on les révère.

Ces étoiles sans fin dont le feu vous éclaire,
Dont le vol est si prompt, dont chacune à son tour
Part, monte, redescend, et revient en un jour,
C'est Dieu qui les conduit, ce Dieu dont la sagesse
Peut des esprits aux corps imprimer la vitesse.
Moi, parti ce matin de la hauteur des cieux,
Vers le milieu du jour j'ai touché ces beaux lieux.
N'imagine donc pas que la céleste voûte
Ne puisse se mouvoir : Dieu connaît, et je doute.
Tous ces orbes lointains, ton œil ne peut les voir:
Le monde est son secret; adorer, ton devoir.
Peut-être aussi, dans l'air que son fluide inonde,
Ce soleil, le moteur et le centre du monde,
Fait mouvoir, circuler ces innombrables corps;
Peut-être son pouvoir et leurs propres efforts
Attirent vers le centre, et repoussent sans cesse (1)
Ces globes différents de grandeur, de vitesse,
S'élevant, s'abaissant, visibles ou cachés,
Tantôt fuyant le centre, et tantôt rapprochés;
Tantôt fixés, tantôt errant dans l'étendue,
Six (2) d'entre eux d'ici-bas se montrent à ta vue.
Mais si, pour expliquer le plan de l'univers,

(1) Le soleil attire les corps célestes qui l'environnent; ils se précipiteraient sur lui, s'il n'y avait pas en même temps une autre puissance secrète qui les retient à un certain éloignement.

(2) Les quatre petites planètes, Vesta, Junon, Cérès et Pallas, n'étaient point découvertes du temps de Milton.

La terre, que tu crois tranquille au sein des airs,
D'un triple mouvement s'élance dans l'espace,
L'ordre du monde alors n'a rien qui t'embarrasse;
Dès-lors, pour l'établir, tu n'auras plus recours
A ces orbes divers qui, croisés dans leur cours,
Par d'obliques chemins marchent en sens contraire;
Le soleil n'aura plus ce long voyage à faire:
Alors tu ne fais plus tourner péniblement
Ce grand cercle, moteur de tout le firmament,
Et qui roule avec lui, dans sa course indomptable,
De la nuit et du jour la roue infatigable.
Et qu'en as-tu besoin, si d'un instinct pareil
Chaque hémisphère évite et cherche le soleil (1),
Et suivant ses aspects, tantôt clair, tantôt sombre,
Trouve et perd tour à tour et la lumière et l'ombre?

DELILLE. (Trad. du *Paradis perdu*.)

LES PLANÈTES.

La splendeur du soleil ne m'a point dérobé
Mercure qui paraît dans ses feux absorbé,
Ni Vénus qui, vers moi renvoyant sa lumière,
Tantôt m'offre un croissant, et tantôt une sphère:
Près de l'astre du jour nul astre ne les suit.
La terre n'est point seule en formant son circuit;

(1) Voyez *Rotation de la terre*, page 56.

La lune, en tous les temps sa compagne fidèle,
De phases s'embellit en tournant autour d'elle,
Lui présente un seul flanc, et prolongeant ses jours,
En tournant sur son axe elle achève son cours.
Mars des traits du soleil est plus loin que la terre;
N'importe, dans les cieux il marche solitaire.
De ses profondes nuits rien n'adoucit l'horreur.
Jupiter, dont les nuits ont bien moins de longueur,
Pour l'éclairer encore a quatre satellites,
Qu'il retient près de lui dans d'étroites limites.
Saturne offre à nos yeux un spectacle assez beau;
Il nous montre son globe au centre d'un anneau,
Tandis qu'autour de lui sept lunes circulantes
Rassemblent du soleil les flammes expirantes :
Enfin l'astre d'Herschell, beaucoup plus écarté,
De six lunes encor nous paraît escorté ;
Compagnons du soleil, de grosseurs inégales,
Ils ne sont point entre eux à pareils intervalles.
Tous les sept de lui seul empruntant leurs clartés,
Sont dans le même temps autour de lui portés,
Et, n'osant s'écarter que peu de l'écliptique,
Tracent obliquement une course elliptique.

GUDIN.

LE SOLEIL FIXE AU MILIEU DES PLANÈTES.

L'homme a dit : Les cieux m'environnent,
Les cieux ne roulent que pour moi ;
De ces astres qui me couronnent,
La nature me fit le roi ;
Pour moi seul le soleil se lève,
Pour moi seul le soleil achève
Son cercle éclatant dans les airs ;
Et je vois, souverain tranquille,
Sur son poids la terre immobile
Au centre de cet univers (1).

Fier mortel, bannis ces fantômes ;
Sur toi-même jette un coup d'œil.
Que sommes-nous, faibles atômes,
Pour porter si loin notre orgueil ?
Insensés ! nous parlons en maîtres,
Nous qui dans l'océan des êtres,
Nageons tristement confondus ;
Nous dont l'existence légère,
Pareille à l'ombre passagère,
Commence, paraît, et n'est plus.

Mais quelles routes immortelles
Uranie entr'ouvre à mes yeux !

(1) Système de Ptolémée.

Déesse, est-ce toi qui m'appelles
Aux voûtes brillantes des cieux ?
Je te suis. Mon ame agrandie,
S'élançant d'une aile hardie,
De la terre a quitté les bords :
De ton flambeau la clarté pure
Me guide au temple où la nature
Cache ses augustes trésors.

Grand Dieu, quel sublime spectacle
Confond mes sens, glace ma voix !
Où suis-je ? quel nouveau miracle
De l'Olympe a changé les lois ?
Au loin, dans l'étendue immense,
Je contemple seul en silence
La marche du grand univers ;
Et dans l'enceinte qu'il embrasse,
Mon œil surpris voit sur sa trace
Retourner les orbes divers (1).

Portés du couchant à l'aurore
Par un mouvement éternel,
Sur leur axe ils tournent encore
Dans les vastes plaines du ciel.
Quelle intelligence secrète
Règle en son cours chaque planète

(1) Système de Copernic.

Par d'imperceptibles ressorts ?
Le soleil est-il le génie
Qui fait avec tant d'harmonie
Circuler les célestes corps ?

Au milieu d'un vaste fluide,
Que la main du Dieu créateur
Versa dans l'abîme du vide,
Cet astre unique est leur moteur.
Sur lui-même agité sans cesse,
Il emporte, il balance, il presse
L'éther et les orbes errants ;
Sans cesse une force contraire
De cette ondoyante matière
Vers lui repousse les torrents.

Ainsi se forment les orbites
Que tracent ces globes connus :
Ainsi, dans les bornes prescrites,
Volent et Mercure et Vénus.
La Terre suit ; Mars, moins rapide,
D'un air sombre, s'avance et guide
Les pas tardifs de Jupiter ;
Et son père, le vieux Saturne,
Roule à peine son char nocturne
Sur les bords glacés de l'éther.

5.

Oui, notre sphère, épaisse masse,
Demande au soleil ses présents.
A travers sa dure surface
Il darde ses feux bienfaisants.
Le jour voit les heures légères
Présenter les deux hémisphères
Tour à tour à ses doux rayons ;
Et sur les signes inclinée,
La terre promenant l'année,
Produit des fleurs et des moissons.

Je te salue, ame du monde,
Sacré soleil, astre du feu,
De tous les biens source féconde,
Soleil, image de mon Dieu !
Aux globes qui dans leur carrière
Rendent hommage à ta lumière,
Annonce Dieu par ta splendeur :
Règne à jamais sur ses ouvrages,
Triomphe, entretiens tous les âges
De son éternelle grandeur.

MALFILATRE.

La Terre.

La terre est ronde ou sphérique, un peu
aplatie en deux endroits opposés ; son diamètre est de 2,865 lieues, sa circonférence
de 9,000 lieues ; et sa distance moyenne
du soleil de 34,505,472 lieues.

Un grand nombre de preuves attestent
que la terre est ronde; vers quelque endroit
que l'on marche le ciel paraît en forme de
voûte au-dessus de notre tête; si la terre
était plate, nous verrions toutes les étoiles
se lever à la fois, tandis qu'elles paraissent
successivement, et disparaissent plus tôt les
unes que les autres. Qu'un vaisseau s'é-
loigne du rivage, il semble descendre peu
à peu, et nous ne le voyons déjà plus que
nous apercevons encore les voiles et les
pointes des mâts. Le contraire a lieu quand
le vaisseau aborde; il semble monter en
approchant du rivage, et on découvre ses

voiles et ses mâts long-temps avant le navire lui-même. Enfin, il en est de même
de l'aspect des clochers dans de grandes
plaines; nous ne découvrons d'abord que
les flèches, et à mesure que nous avançons
les autres parties moins élevées s'offrent à
nos regards.

La terre accomplit sa révolution autour
du soleil en trois cent soixante-cinq jours
cinq heures quarante - huit minutes cin-
quante-une secondes; c'est ce qu'on appelle son *mouvement annuel*. Elle tourne
aussi sur elle-même en vingt-quatre heures;
c'est ce qu'on appelle sa rotation ou son
mouvement *diurne*. Il est facile d'imaginer
comment elle exécute ces deux mouvements à la fois; c'est ainsi que des personnes qui valsent tournent à chaque pas
sur elles-mêmes, ce qui représenterait le
mouvement de rotation; et elles circulent
en même temps autour de la chambre, ce
qui peut figurer le mouvement annuel.

Puisque la terre est ronde, les habitants
du globe qui sont dans le lieu diamétrale-

ment opposé à celui que nous habitons doivent avoir, par rapport à nous, les pieds en haut et la tête en bas; et puisque la terre tourne, nous devons nous-mêmes nous trouver dans cette position, par rapport à eux; mais il existe une force secrète qui retient tous les corps à la terre, et les attire vers le centre. Les habitants de la terre qui ont les pieds opposés aux nôtres sont nos *antipodes*.

La route elliptique tracée par la terre, dans sa révolution autour du soleil, est appelée l'*écliptique*. Personne ne doute plus aujourd'hui du mouvement de la terre autour du soleil. Comment imaginer, en effet, que des milliers d'astres, à des distances si énormes, et dont le poids et le volume sont immenses, aient été créés pour se mouvoir autour de la terre qui n'est qu'un point dans l'espace, et circuler en quelque sorte autour d'un grain de sable? Ne ririons-nous pas d'un homme qui, au lieu de faire le tour d'un vaste monument qu'il voudrait visiter, du Louvre

par exemple, prétendrait qu'on fit tourner
le Louvre autour de lui? Le système de
Ptolémée n'est ni moins absurde, ni moins
ridicule.

La distance entre le soleil et notre globe
et les degrés de chaleur sont combinés,
suivant la nature des éléments de la terre,
pour que l'homme et les animaux puissent
vivre à sa surface, et que les plantes puissent y végéter. Si la terre était à un plus
grand éloignement du soleil, ou à une plus
grande proximité, elle périrait probablement par l'excès de la chaleur ou du froid.
Ses mouvements autour du soleil et en
rapport avec les astres ont été ordonnés
avec tant d'intelligence, et les bienfaits
qu'elle en reçoit sont si nombreux et si
constants, qu'il était bien pardonnable aux
hommes que la science et la philosophie
n'avaient pas encore éclairés de croire que
tout ce qui l'entoure avait été créé pour
elle seule.

RÉVOLUTION SUPPOSÉE DES ASTRES AUTOUR DE LA TERRE.

Près de ces corps pompeux qu'une immortelle main
Dans les champs de l'espace a répandus sans nombre;
Qu'est-ce que notre terre? un point étroit et sombre,
A peine un grain de sable; aussi lorsque je vois
Tous ces astres lointains obéir à ses lois,
Je me dis en secret : Tous ces globes immenses,
Jetés loin de nos yeux à d'énormes distances,
D'où vient que l'éternel dans leur rapide cours,
Les condamne à marquer et nos nuits et nos jours?
Pour qui les força-t-il, dans leur course pénible,
D'apporter la lumière à ce point invisible?
Le ciel sans tant d'efforts n'a-t-il pu l'éclairer?
Lui-même à moins de frais ne peut-on l'admirer?
Ce dieu qui créa tout d'une main économe,
D'où vient qu'il ordonna pour le séjour de l'homme
Ces révolutions, ces mouvements sans fin;
Tandis que l'humble objet d'un appareil si vain,
La terre, qui pouvait, dans son étroite orbite,
Décrire un moindre cercle et voyager moins vite,
Reine immobile, attend que ces corps lumineux
Reviennent de si loin l'éclairer de leurs feux,
Et tournant sans repos, dans leur course éternelle,
Comme de vils sujets se fatiguent pour elle;

Eux qui, par leur grandeur, faits pour donner des lois,
Au lieu de ses vassaux devraient être ses rois?
            DELILLE. (Traduction du *Paradis perdu*.)

RÉVOLUTION ET ROTATION DE LA TERRE.

Du ciel tournant sur soi conçois-tu la vitesse?
Je marche en sens contraire, et son cours qui sans cesse
Entraîne l'univers sans jamais m'entraîner,
Du cours que je poursuis ne peut me détourner.
            OVIDE, traduction DE SAINT-ANGE.

LES ANTIPODES.

Tandis que ce flambeau dispensateur du jour
Du sage Confutzée éclaire le séjour,
Et guide à leurs travaux ces docteurs sans hermine,
Ces jaunes mandarins, oracles de la Chine,
La nuit, roulant vers nous son char silencieux,
Nous voile de son crêpe, et partage les cieux.
Du céleste Artisan tel est l'ordre immuable :
Le carme est dans son lit quand le bonze (1) est à table.
            DESORGUES.

(1) Les bonzes sont des prêtres de la Chine et du Japon.

LES BIENFAITS ACCORDÉS A LA TERRE.

O terre! heureux séjour! puisqu'ainsi l'on te nomme,
Séjour digne des dieux, et profané par l'homme,
Toi, le second travail de la divinité,
Le second par le temps, le premier en beauté;
Terre! de quel éclat ces astres te couronnent!
C'est pour toi que sont faits ces cieux qui t'environnent!
Chacun de ces flambeaux, tout fier de son emploi,
Se lève, part, revient, et voyage pour toi.
De son maître nouveau, fidèle tributaire,
Chacun de leurs rayons vient tomber sur la terre.
Ainsi que dans le ciel, tous ces globes de feu
Comme au centre commun aboutissent à Dieu.
De même autour de lui ce monde heureux assemble
Tous ces soleils épars qui rayonnent ensemble;
Ce feu, source de grâce et de fécondité,
Tu lui dois tes trésors, tu lui dois ta beauté:
Il court dans chaque fleur, circule en chaque tige;
Il forme, accroît, nourrit par un plus grand prodige
Ces peuples animés, sans cesse renaissants;
Il leur donne la vie, il leur donne des sens,
Et choisissant pour eux sa plus subtile flamme,
Leur prête la pensée, et leur inspire une ame.
Tous inégaux en rang, mais sans être jaloux,

S'obéissent entre eux; l'homme commande à tous.
O terre! quels tableaux décorent tes campagnes!
O vous, riants vallons, vous, altières montagnes,
Verts coteaux, antres frais, abris voluptueux,
Élégants arbrisseaux, arbres majestueux,
Audacieux rochers, agréables prairies,
Ruisseaux, fleuves pompeux, beaux lacs, rives fleuries,
O combien me plairait votre aspect enchanteur
Si le plaisir encore était fait pour mon cœur!

                                        DELILLE.

Les pôles; l'Équateur et le Méridien; les Zones.

——

Que l'on prenne une orange pour représenter la terre, et que l'on fasse passer par le centre une petite broche de fer, cette broche autour de laquelle on pourra faire tourner l'orange s'appellera l'*axe terrestre*. Cet axe n'existe réellement pas, mais on le suppose pour expliquer les mouvements de la terre.

Les deux points de la surface sur lesquels tourne le globe et par où passe l'axe sont appelés *pôles terrestres*. Celui qui correspond à l'étoile polaire (1), appelé *pôle du nord*, prend aussi les noms de *pôle septentrional, pôle arctique, pôle*

(1) L'étoile polaire est une étoile que nous voyons toute l'année. Elle paraît presque immobile, et toutes les autres semblent tourner autour d'elle en décrivant des cercles plus grands à mesure qu'elles s'en éloignent davantage.

boréal; le pôle opposé, appelé *pôle du sud,* prend encore le nom de *pôle méridional,* ceux de *pôle antarctique, pôle austral.*

A égale distance des deux pôles, et par conséquent par le milieu de la surface terrestre, on suppose un cercle qu'on appelle *équateur,* et qui divise ainsi le globe en deux hémisphères, l'un *boréal,* l'autre *austral.*

Du nord au sud, où d'un pôle à l'autre, on suppose un autre cercle également appelé *méridien,* qui coupe la terre en deux parties, mais en sens contraire de l'équateur. De ces deux nouveaux hémisphères, l'un est nommé *oriental,* et l'autre *occidental.* Ces dénominations viennent de ce que le soleil paraît se lever à l'orient d'un côté du méridien, se trouver au-dessus du méridien à midi, et se coucher de l'autre côté à l'occident.

Ainsi d'un côté de l'équateur est le *nord* ou *septentrion,* et de l'autre le *midi* ou le *sud;* d'un côté du méridien est l'*est* ou l'orient, et de l'autre l'*ouest* ou l'occi-

dent. Ces quatre points ou parties du ciel sont appelés les quatre points cardinaux.

Lorsque la terre était regardée comme le centre du monde, on prolongeait, par l'imagination, son axe au nord et au sud ; tout le firmament était supposé tourner autour de cet axe, qu'on appelait alors l'*axe céleste* ; les deux points où il aboutissait se nommaient les *pôles célestes*. Il y avait de même un *équateur* et un *méridien célestes* qui divisaient le ciel en quatre parties, et qui correspondaient aux mêmes cercles de notre globe. On se sert encore de ces divisions pour marquer les différentes positions des astres, et leurs mouvements apparents par rapport à nous.

Les lieux situés vers l'équateur sont les plus chauds de la terre, parce que le soleil ne les quitte jamais, et que ses rayons y tombent presque perpendiculaires. L'hiver est inconnu dans ces climats toujours ardents. Les pôles sont au contraire les lieux les moins favorisés ; un froid glacial y règne en tout temps. Le soleil reste six mois sans y paraître, et les éclaire pendant les six autres mois sans discontinuer. Ainsi, pendant que l'un a une nuit de six mois, l'autre a un jour de la même durée, et le contraire a lieu pendant les six autres mois. Une si longue obscurité n'est interrompue que par la lumière de la lune, et par celle des *aurores boréales*.

On partage aussi la terre et le ciel en cinq zones ou bandes circulaires du nord au sud : 1° la *zone torride*, à 23° 30' (1) de l'un et de l'autre côté de l'équateur, et bornée par les deux tropiques (2); 2° les deux *zones tempérées*, qui s'étendent jusqu'à

(1) Un cercle se divise en 360 degrés, chaque degré en 60 minutes, chaque minute en 60 secondes. Il est facile d'évaluer les degrés en parties de temps. La terre tournant sur elle même en 24 heures, dans une heure elle a parcouru la vingt-quatrième partie de son cercle de rotation ou 15 degrés. Une heure équivaut donc à 15 degrés; ainsi lorsqu'un astre passe au-dessus de notre tête une heure plus tard qu'un autre, c'est que la terre a parcouru l'espace équivalent que nous venons d'indiquer.

On emploie, par abréviation, un zéro (o) pour marquer les degrés, une virgule (,) pour les minutes, et deux virgules (,,) pour les secondes.

(2) Voyez l'explication sur les *Tropiques*, page 86.

43° de chaque tropique, l'une au nord du tropique du Cancer, l'autre au sud du tropique du Capricorne; 3° les deux *zones glaciales,* qui s'étendent jusqu'aux pôles ; elles commencent au-delà du 66° degré de latitude.

La terre n'est point parfaitement ronde, mais elle est aplatie vers les pôles. Son mouvement de rotation avait déjà fait soupçonner un renflement vers l'équateur; on acquit la certitude de l'aplatissement des pôles en mesurant un *degré* du méridien au pôle et à l'équateur; Voltaire a célébré l'importance de cette opération. (*Voyez* pages 74 et 76.)

LES ZONES.

Dieu lui-même a tracé, géomètre éternel,
Cinq zones partageant les régions du ciel ;
Cinq zones sur la terre aux mêmes intervalles
Partagent ses climats en mesures égales ;
Une par la chaleur dévorée en tout temps,
Ceint le milieu du globe et n'a pas d'habitants (1)

(1) Erreur des anciens.

Un éternel amas de neige et de froidure
Des deux pôles glacés hérissent la ceinture,
Et du froid et du chaud variant le degré
Sur deux zones encor règne un ciel tempéré.

        OVIDE, traduction de SAINT-ANGE.

MÊME SUJET.

Pour régler nos travaux, pour marquer les saisons,
L'art divise du ciel les vastes régions.
Soleil, ame du monde, océan de lumière,
Douze astres différents partagent ta carrière.
Cinq zones de l'Olympe embrassent le contour :
L'une des feux brûlants est l'aride séjour ;
Deux autres, qu'en tout temps attriste la froidure,
Des deux pôles glacés ont formé la ceinture :
Mais, entre ces glaçons et ces feux éternels,
Deux autres ont reçu les malheureux mortels,
Et dans son cours brillant bornent l'oblique voie
Où du dieu des saisons la marche se déploie.

        VIRGILE, traduction de DELILLE.

LES DEUX PÔLES.

Le globe vers le nord hérissé de frimas
S'élève, et redescend vers les brûlants climats.

Notre pôle des cieux voit la clarté sublime :
Du Tartare profond l'autre touche l'abîme.
Calisto (1), dont le char craint les flots de Thétys,
Vers les glaces du nord brille auprès de son fils ;
Le Dragon (2) les embrasse ainsi qu'un fleuve immense.
Le pôle du midi, noir séjour du silence,
N'offre aux tristes humains qu'une éternelle nuit (3).
Peut-être en nous quittant Phébus chez eux s'enfuit ;
Et lorsque ses coursiers nous soufflent la lumière,
Pour eux l'obscure nuit commence sa carrière.
                    VIRGILE, traduction de DELILLE.

DESCRIPTION DU PÔLE.

Dans ces lieux désolés où la nature expire,
Habitent le désordre et l'uniformité.
Au bord de l'horizon le soleil arrêté,
Y poursuit sans chaleur sa paisible carrière,
Roule six mois entiers autour de l'hémisphère,
Descend, se précipite, et six mois éclipsé,
Laisse régner la nuit sur l'horizon glacé.
Le pôle lance alors des feux rouges et sombres,
Et leur triste lueur, qui lutte avec les ombres,

(1) Voyez la Grande Ourse.
(2) Constellation qui tourne autour de la Grande Ourse.
(3) Les anciens le croyaient ainsi.

De ces climats affreux éclaire les horreurs.
L'hiver en ce moment s'y livre à ses fureurs;
Il subjugue Neptune; il couvre de ses chaînes
Cette mer ténébreuse où les vastes baleines,
Présentent dans l'automne aux yeux des matelots
De mobiles écueils s'agitant sur les flots.

SAINT-LAMBERT. (*Les Saisons.*)

LE SOLEIL SUR LE PÔLE.

Sur ces bords où son char, demi plongé dans l'onde,
Semblait fuir à regret aux limites du monde;
Où quatre Heures en deuil, seules formant sa cour,
En obliques rayons donnaient un triste jour,
Le roi du feu s'élève, agrandit sa carrière,
Et du couchant à peine a touché la barrière,
Que rouvrant au Cancer la brûlante saison,
Visible, il se promène autour de l'horizon.
L'été n'est plus qu'un jour. Loin du bruit des orages
Le ciel laisse dormir l'Océan sans naufrages;
La terre se réveille et prodigue en deux mois
Les fleurs, les grains, les fruits, tous les dons à la fois.

ROUCHER.

L'ÉQUATEUR.

Cependant, au milieu de ces mers inconnues,
Le souffle du lion vient enflammer les nues;
L'air s'embrase, inondé par un torrent de feux;
Le flot tombe et s'unit en cristal onduleux;
Zéphir n'effleure plus sa surface azurée,
Et la voile inutile appelle en vain Borée.
Il semble qu'arrêté sur ses coursiers ardents
Phébus veut entraîner les vaisseaux et les vents;
Il ravit à la nuit sa fraîcheur et ses charmes;
De l'aurore naissante il dévore les larmes :
Les organes vaincus cèdent à son pouvoir;
Il étouffe l'audace, il consume l'espoir;
Il fait languir mourants les enfants de la guerre;
Et le vieux Océan, premier roi de la terre,
Dans les gouffres sans fond de son obscur séjour
Cache sa tête humide à l'œil brûlant du jour.

ESMÉNARD.

L'AFRIQUE.

Sur les bords du Niger, où la jeune Africaine
De son teint qui pâlit va ranimer l'ébène,

Dans les champs de Lima, de Bengale et d'Ormus ,
Quand la nuit tient sur eux ses voiles suspendus ,
Des insectes sans nombre exhalent la lumière.
De feux errants sans cesse ils couvrent la bruyère ;
Et dans l'ombre des bois ces phosphores vivants
Brillent sur les rameaux balancés par les vents.
Le soleil en roulant sur ce brûlant espace,
Du globe qui l'attire élevant la surface,
Fait monter jusqu'aux cieux les Andes et l'Atlas.
Jamais leur front serein n'est chargé de frimas.
Des tourbillons de feu, de cendre et de fumée
Sortent en rugissant de leur cime enflammée.
La chaleur dans leur sein fait germer ces métaux
Source de l'industrie, aliment de nos maux.
Sur les champs sablonneux le rubis étincelle.
Dans les flancs des rochers la nature immortelle
Épure avec lenteur les feux du diamant.
De la chaîne des monts tombent en écumant
Des fleuves, des torrents qu'ont nourris les orages ;
A travers les rochers et les forêts sauvages ,
Les empires puissants, les cités, les déserts ,
Leur cours impétueux les porte au sein des mers ;
L'Orellane et l'Indus, le Gange et le Zaïre,
Repoussent l'Océan qui gronde et se retire.
C'est là qu'en s'élevant de ses gouffres profonds,
S'étendent jusqu'aux cieux les trombes, les typhons ;

Ces fleuves suspendus, ces colonnes liquides,
En effleurant les mers suivent les vents rapides.

SAINT-LAMBERT.

L'AMÉRIQUE SOUS L'ÉQUATEUR.

Dans sa retraite auguste et loin des faibles arts,
C'est là que la nature enchante nos regards !
Le soleil, en doublant sa course fortunée,
Y ramène deux fois le printemps de l'année ;
On y voit des vergers où le fruit toujours mûr
Pend en grappes de rose, et de pourpre, et d'azur :
Une autre Flore y passe, et d'une main légère
Prodigue en se jouant sa richesse étrangère :
Des fleuves mugissants, rivaux des vastes mers,
Roulent sur l'Océan dont ils foulent les ondes :
Des arbres élevant d'immenses rideaux verts,
Nobles fils du soleil et des sources fécondes,
Entretiennent la nuit sous leurs voûtes profondes,
Et vont noircir le jour sur la cime des airs.
Mais ces riches climats fleurissent en silence ;
Jamais un chantre ailé n'y porte sa cadence ;
Ils n'ont point Philomèle et ses accents si doux,
Qui des plaisirs du soir rendent le jour jaloux.
Autour de ces rochers où les vents sont en guerre,
Le terrible Typhon a posé son tonnerre.
Des torrents pluvieux ne peuvent dans l'éther
Éteindre le flambeau du redoutable éclair :

7

Plus léger que les vents son bleuâtre phosphore
Ouvre et ferme le ciel, l'ouvre et le ferme encore :
La foudre au même instant roule, déchire l'air,
Tombe et couvre de feux les champs qu'elle dévore.

LÉONARD.

MESURE DU MÉRIDIEN.

Amants du vrai savoir, hâtez-vous d'applaudir.
Dans son temple fameux un grand plan se prépare :
L'œil ardent du génie, à la nature avare,
Veut dérober encore un secret ignoré.
Partez; vous, Maupertuis, dirigez votre course
Aux lieux toujours glacés où fuit le char de l'Ourse,
Et vous, La Condamine, allez de l'équateur,
Sous les yeux du soleil, mesurer la hauteur.

DE CHÊNEDOLLÉ.

APLATISSEMENT DES PÔLES.

En vain le nord, caché dans ses antres sauvages,
De montagnes de glace a bordé ses rivages,
Ta proue (1) a sillonné les gouffres qu'il défend,
Et des secrets du nord te voilà triomphant :
La terre sous le pôle à tes yeux étendue,
Sur un axe moins long tourne enfin suspendue.

ESMÉNARD.

(1) C'est à l'homme que le poète s'adresse.

A M. LE COMTE ALGAROTTI (1).

Lorsque ce grand courrier de la philosophie,
    Condamine l'observateur,
De l'Afrique au Pérou conduit par Uranie,
    Par la gloire, et par la manie,
    S'en va griller sous l'équateur,
Maupertuis et Clairaut, dans leur docte fureur,
    Vont geler au pôle du monde.
Je les vois d'un degré mesurer la longueur
    Pour ôter au peuple rimeur
    Ce beau nom de machine ronde,
Que nos flasques auteurs, en chevillant leurs vers,
Donnaient à l'aventure à ce plat univers.

Les astres étonnés, dans leur oblique course,
Le grand, le petit Chien, et le Cheval, et l'Ourse (2),
Se disent l'un à l'autre, en langage des cieux :
« Certes, ces gens sont fous, ou ces gens sont des dieux. »

Et vous, Algarotti, vous, cygne de Padoue,
Élève harmonieux du cygne de Mantoue,

(1) MM. Godin, Bouguer et de La Condamine, étaient partis
alors pour faire leurs observations en Amérique, dans des contrées
voisines de l'équateur. MM. de Maupertuis, Clairaut et Lemonnier,
devaient, dans la même vue, partir pour le nord, et M. Algarotti
était du voyage : il faisait très-bien des vers dans sa langue.

(2) Constellations ou groupes d'étoiles connues sous ces différents
noms.

Vous allez donc aussi , sous le ciel des frimas ,
Porter, en grelottant , la lyre et le compas ,
Et sur des monts glacés traçant des parallèles ,
Faire entendre aux Lapons vos chansons immortelles ?

Allez donc, et du pôle observé , mesuré ,
Revenez aux Français apporter des nouvelles.
　　　　Cependant je vous attendrai ,
Tranquille admirateur de votre astronomie ,
Sous mon méridien , dans les champs de Cirey ,
N'observant désormais que l'astre d'Émilie.

VOLTAIRE.

A M. DE MAUPERTUIS.

Lorsque la vérité , sur les gouffres de l'onde ,
Dirigeait votre course aux limites du monde,
Tout le nord tressaillit , tout le conseil des dieux
Descendit de l'Olympe, et vint sur l'hémisphère
Contempler à quel point les enfants de la terre
Oseraient pénétrer dans les secrets des cieux.
Iris y déployait sa charmante parure
Dans cet arc lumineux que nous peint la nature ,
Prodige pour le peuple, et charme de nos yeux.
Pour la seconde fois , oubliant sa carrière ,
Détournant ses chevaux et son char de rubis ,
Le père des saisons franchissait sa barrière ;

Il vint, il tempéra les traits de sa lumière :
Il avança vers vous tel qu'il parut jadis,
Lorsque dans son palais il embrassa son fils,
Son fils qui moins que lui vous parut téméraire.

Atlas, par qui le ciel fut, dit-on, soutenu,
Aux champs de Tornéo parut avec Hercule.
On vante en vain leurs noms chez la Grèce crédule;
Ils ont porté le ciel, et vous l'avez connu.
Hercule, en vous voyant, s'étonna que l'envie
Dans les glaces du nord expirât sous vos coups,
Lui qui ne put jamais terrasser de sa vie
Cet ennemi des dieux, des héros, et de vous.
Dans ce conseil divin, Newton parut, sans doute ;
Descartes précédait, incertain dans sa route :
Tel qu'une faible aurore, après la triste nuit,
Annonce les clartés du soleil qui la suit,
Il cherchait vainement, dans le sein de l'espace,
Ces mondes infinis qu'enfanta son audace,
Ses tourbillons divers, et ses trois éléments,
Chimériques appuis du plus beau des romans.
Mais le sage de Londre et celui de la France
S'unissaient à vanter votre entreprise immense.
Tous les temps à venir en parleront comme eux.
Poursuivez, éclairez ce siècle et nos neveux,
Et que vos seuls travaux soient votre récompense.

VOLTAIRE.

Les Aurores boréales.

Les aurores boréales sont des lueurs de formes extrêmement variées et d'une nature particulière, qui se montrent vers les pôles. On leur assigne une foule de causes plus ou moins probables, mais dont aucune n'est encore adoptée généralement. On les a crues le produit des vapeurs et des exhalaisons dont se forment le tonnerre, les feux volants, les globes de feu, etc. : on leur a aussi donné pour cause les glaces du nord qui réfléchissent les feux du crépuscule; d'autres ont prétendu que l'aurore boréale était produite par la flamme magnétique; enfin M. Mairan a trouvé cette cause dans l'étendue et le mouvement de l'atmosphère solaire.

Quoi qu'il en soit, l'aurore boréale, qui n'est pour nous qu'un spectacle d'admiration, est pour les peuples voisins du pôle un dédommagement de l'absence du soleil.

LES AURORES BORÉALES.

...Le nord, dans ces vastes domaines,
Contient de la clarté les plus beaux phénomènes.
Eh! qui ne connaît pas, dans ces climats glacés,
Ces feux par qui du jour les feux sont remplacés?
Là, le pôle, entouré de montagnes de neige,
Conserve de ses nuits le brillant privilége,
Ces immenses clartés, ces feux éblouissants,
Au sein de l'ombre obscure au loin resplendissants,
Qui même avec les cieux, où le jour prend naissance,
Rivalisent de luxe et de magnificence :
Long-temps l'erreur les crut, dans ces âpres climats,
Le reflet des glaçons, des neiges, des frimas,
Des esprits sulfureux exhalés de la terre,
Qui présageaient la mort, la discorde et la guerre,
Et jusque sur leur trône épouvantaient les rois.
Enfin la vérité fait entendre sa voix,
Nous dit que le soleil enfante les aurores.
Ces merveilles du ciel, ces pompeux météores,
Abaissés, élevés, l'air pur ou nébuleux,
Refuse, admet, accroît ou tempère leurs feux ;
Souvent l'épais brouillard tient leurs flammes captives,
Souvent laisse percer leurs clartés fugitives ;

Ils glissent en reflets, s'échappent en lingots,
Ou d'une mer de feu roulent au loin les flots;
Ici blanchit l'argent, et là jaunit l'opale;
Là se mêle à l'azur la pourpre orientale;
Tantôt en arc immense ils prennent leur essor,
Roulent en chars brûlants, flottent en drapeaux d'or,
S'élancent quelquefois en colonnes superbes,
S'entassent en rochers, ou jaillissent en gerbes,
Et, variant le jeu de leurs reflets divers,
De leur pompe changeante étonnent ces déserts.

(*Les trois Règnes*, chant 1.)

TABLEAU D'UNE AURORE BORÉALE.

Là (1) brillent à la fois le luxe des métaux,
Et la soie en tissus, et le sable en cristaux,
Toute la pompe enfin des plus riches contrées.
Là même quelquefois les plaines éthérées
Des palais du midi versent sur les frimas
Un éclat que l'hiver refuse à nos climats;
D'un groupe de soleils l'Olympe s'y décore (2):

(1) Vers le pôle.

(2) Ce phénomène, que les physiciens appellent *parélie*, se montre dans le nord toutes les fois que des nuages épais et glacés sont situés de manière qu'ils reçoivent les rayons du soleil et les réfléchissent comme autant de miroirs à nos yeux : alors l'image de cet astre se multipliant dans chacun de ces nuages, il n'est pas rare de voir deux et trois soleils à la fois.

Prodige de clarté, qui pourtant cède encore
Aux flammes dont la nuit fait resplendir les airs.
Aussitôt que son char traverse leurs déserts,
Une vapeur qu'au nord le firmament envoie,
S'y déployant en arc, trace une obscure voie,
S'alonge, et, parvenue aux portes d'occident,
Vomit, nouvel Hécla (1), les feux d'un gouffre ardent.
Dans les flancs du brouillard la flamme impétueuse
Vole, monte et se courbe en voûte lumineuse,
Qu'une autre voûte encor plus brillante investit.
Tandis que dans leurs feux la vapeur s'engloutit,
Ces dômes rayonnants s'entr'ouvrent, et, superbes,
Lancent en javelots, en colonnes, en gerbes,
En globes, en serpents, en faisceaux enflammés,
Tous les flots lumineux sous la nue enfermés.
Mais, ô crédulité! dans l'aurore polaire,
Le peuple voit ses dieux qui, brûlant de colère,
Menacent à la fois d'un vaste embrasement
Et la terre, et les mers, et le haut firmament.

ROUCHER.

(1) Fameux volcan de l'Islande.

ERREURS POPULAIRES SUR LES AURORES BORÉALES.

Tandis que l'Océan charmé
Contemple son vaste rivage,
Le nord tout à coup enflammé
Devient le spectacle du sage
Et l'effroi du peuple alarmé.
Une lumière étincelante
Embrase le voile des airs :
Avant-courrière des hivers,
Quelle autre aurore plus brillante
S'élève au milieu des éclairs ?
Les dieux ont-ils dans leurs balances
Pesé le sort des nations ?
Ému par nos divisions,
Le ciel fait-il briller ses lances ?
Ses feux et ses rayons épars,
Ses colonnes, ses pyramides,
N'offrent à des regards timides
Que les jeux sanglants du dieu Mars.
Voilà les nombreuses armées,
Voilà les combats éclatants
Qui de nos guerres rallumées
Furent les présages constants.
La frayeur naissait des prestiges :

Mais nos yeux bientôt satisfaits
Verront renaître les prodiges
Sans en redouter les effets.
Brillez, aurore boréale;
De la nuit éclairez la cour;
En vous voyant, le beau Céphale
Croit voir l'objet de son amour;
Et l'hirondelle matinale
S'étonne d'annoncer le jour.

Le C. DE BERNIS.

COURONNE DES AURORES BORÉALES.

Pierre (1) veut parcourir ces plages solitaires.
Du destin des états méditant les mystères,
Il suit de la Néva (2) le cours silencieux;
Un spectacle imprévu soudain frappe ses yeux.
Aux rayons éclatants d'une aurore nouvelle,
Du fleuve condensé le cristal étincelle :
Des drapeaux lumineux s'agitent dans les airs (3),
Une nuit enflammée éclaire l'univers.

(1) Pierre Ier.
(2) Fleuve de Russie.
(3) Ces espèces d'étendards qui brillent dans l'air, cette couronne d'étoiles qui se fixent ordinairement au zénith, ne sont pas des inventions poétiques, mais des phénomènes aujourd'hui bien connus.
(Note du poète.)

Dans la voûte des cieux où tout brille et l'étonne,
Le héros attentif observe une couronne,
Signe mystérieux sur sa tête arrêté,
Qui présage l'empire et l'immortalité.

ESMÉNARD.

LE CLAIR DE LUNE ET L'AURORE BORÉALE.

Quand la soirée humide et refroidie
Verse les flots de sa noire vapeur,
L'exhalaison s'entasse avec lenteur
Sur les marais où l'onde est assoupie ;
Au même temps un rayon précurseur
Vient annoncer le retour de Cinthie.
Son char répand un éclat doux et pur.
Les monts, les eaux, la campagne s'éclaire ;
Le ciel tranquille argente son azur ;
Un vaste flux de tremblante lumière,
De sa blancheur couvre tout l'hémisphère.
Souvent aussi, quand ce beau jour détruit
Laisse régner les flambeaux de la nuit,
Le nord présente un pompeux météore.
Sa lueur monte et sillonne les cieux,
Descend, remonte et redescend encore,
Éteint, rallume, entremêle ses feux,
Et roule en vague une mer de phosphore.

LÉONARD.

Les Saisons et les Jours.

Si le soleil était toujours dans le plan de l'équateur, ou plutôt si la route que la terre suit autour du soleil coïncidait toujours avec ce cercle, les rayons solaires tombant perpendiculairement sur l'équateur, et couvrant tout un hémisphère d'un pôle à l'autre, il y aurait toujours le même degré de chaleur, et le même éclat; ce serait un printemps perpétuel; et comme la terre, dans l'espace de vingt-quatre heures, présente alternativement ses deux hémisphères au soleil, la nuit aurait partout la même durée que le jour.

Cette égalité des jours et des nuits a lieu à deux époques de l'année; savoir, l'*équinoxe de printemps* au 21 mars, et l'*équinoxe d'automne* au 21 septembre, parce qu'à ces deux époques l'équateur coïncide avec l'écliptique.

A partir du 21 mars, jour de l'équinoxe de printemps, la terre descend pendant trois mois; alors son pôle austral se trouve hors de la portée des rayons du soleil, qui ne tombent plus perpendiculairement sur l'équateur, mais chaque jour sur un lieu plus élevé, et enfin sur un point éloigné de l'équateur de 23° 27' du côté du pôle nord; à cet endroit on suppose autour de la terre un cercle parallèle à l'équateur, et que l'on nomme *tropique du Cancer*, ou cercle du *solstice d'été*, parce que le soleil semble alors s'arrêter.

En effet, la terre remonte peu à peu, et après trois mois l'équateur coïncide de nouveau avec l'écliptique, et reçoit perpendiculairement les rayons du soleil. C'est alors le temps de l'équinoxe d'automne. La terre part de ce point en continuant de monter pendant trois mois, jusqu'à ce que les rayons du soleil dardent perpendiculairement sur un point éloigné de l'équateur de 23° 27' du côté du pôle sud. Là est le cercle appelé *tropique du Capricorne* ou cercle du *solstice d'hiver*, parce que la terre cesse de monter, et que le soleil semble alors s'arrêter de nouveau. Pendant les trois mois suivants la terre redescend jusqu'au point de l'équinoxe de printemps, et l'année a terminé son cours, qui recommence alors de la même manière.

Il faut bien se souvenir, pour comprendre le mécanisme des saisons, si l'on peut s'exprimer ainsi, que l'axe de la terre reste toujours parallèle à lui-même, c'est-à-dire, que son inclinaison ne change pas, en sorte que la terre en montant ou en descendant conserve toujours la même position.

On doit concevoir facilement comment depuis l'équinoxe du printemps jusqu'à l'équinoxe d'autómne, espace de six mois, le pôle austral se trouve hors de la portée des rayons solaires, et par conséquent dans une obscurité complète. Le soleil ne pouvant éclairer qu'un hémisphère à la fois, tant que les rayons perpendiculaires frappent sur l'équateur qui est le milieu entre les deux pôles, la lumière atteint ces

deux pôles ; mais à mesure que la terre en
s'abaissant éloigne l'équateur des rayons
perpendiculaires, le pôle nord se plonge
davantage dans la lumière, tandis que le
pôle sud en sort tout-à-fait, et s'en éloigne
de plus en plus ; il s'en rapproche ensuite
pendant trois mois, et finit par y rentrer
au moment où le pôle nord commence à en
sortir, pour en être privé à son tour depuis
l'équinoxe d'automne jusqu'à l'équinoxe
du printemps.

Ainsi les jours croissent successivement
d'un côté de l'équateur en allant vers le
pôle, et diminuent de l'autre dans la même
proportion. Voilà comment nous avons
tour à tour de longues nuits et de petits
jours, et ensuite de longs jours et des nuits
courtes.

Puisque le soleil est le principe de la
lumière, on doit être surpris qu'il fasse jour
après qu'il a disparu, ou avant qu'il se soit
montré. Cette clarté que l'on nomme *aurore* le matin, et *crépuscule* le soir, pro-
vient des rayons du soleil qui se brisent en

traversant, l'atmosphère, et qui, prenant alors une autre direction, parviennent jusqu'à nous une heure avant que nous ne soyons en présence de l'astre, et une heure après que nous avons cessé de le voir.

Le printemps règne depuis l'équinoxe du printemps jusqu'au solstice d'été; l'été depuis le solstice d'été jusqu'à l'équinoxe d'automne; l'automne depuis l'équinoxe d'automne jusqu'au solstice d'hiver; l'hiver depuis le solstice d'hiver jusqu'à l'équinoxe du printemps.

L'écliptique étant une ellipse, la terre est tantôt plus près et tantôt plus loin du soleil; lors du solstice d'hiver elle est à son *périhélie*, c'est-à-dire au point le plus près du soleil; et lors du *solstice d'été*, à son *aphélie*, c'est-à-dire au point le plus éloigné. S'il fait chaud en été et froid en hiver, c'est que dans l'été les rayons du soleil sont moins obliques, et qu'il reste plus long-temps sur l'horizon. L'hiver, qui nous offre un aspect si triste, n'est pas moins utile que le printemps, l'été et l'automne;

8.

c'est à lui que nous devons les présents des
trois autres saisons, puisqu'il sert à repo-
ser la terre, et à lui rendre la vigueur dont
sa fécondité la priverait bientôt, si elle
n'en trouvait une source toujours nouvelle
dans ces intempéries qui nous semblent
pour elle des outrages, et qui sont de
vrais bienfaits.

DÉPLACEMENT DE L'ÉCLIPTIQUE.

Fécond comme l'automne, et beau comme l'été,
Le printemps régnait seul : la voix de l'Éternel
Du soleil qui meut tout par sa chaleur féconde
Ordonne d'écarter les deux pôles du monde.
Les anges, à sa voix, avec de longs efforts,
De l'ardent équateur éloignent ce grand corps.
A la voix du Très-Haut, l'astre de la lumière
Peut-être aussi changea son oblique carrière,
Et poursuivant sa marche en ses douze maisons,
Dans son corps inégal varia les saisons.
Peut-être aussi, quand l'homme à son Dieu fut parjure,
Un tremblement d'horreur ébranla la nature,
Et rompant l'équilibre et des nuits et des jours,
Cet astre épouvanté changea soudain son cours :
Dans les champs de la terre, au séjour des orages,
Le désordre partout étendit ses ravages ;

Bientôt, de la Révolte abominable enfant,
La Discorde naquit, et d'un vol triomphant
Aux êtres animés courut souffler sa rage.
Tout s'arma, tout brûla de la soif du carnage :
Les oiseaux dans les airs fondaient sur les oiseaux ;
Le poisson poursuivait le poisson sous les eaux ;
Les troupeaux, dédaignant leur pâture innocente,
L'un sur l'autre en grondant portaient leur dent sanglante.
Tous pour leur souverain perdirent le respect :
L'un, saisi de terreur, s'enfuit à son aspect ;
Un autre, frémissant, lui jette à son passage
Des regards de fureur ou des accents de rage ;
Le désordre est partout, etc.

MILTON, traduction de DELILLE.

LES SAISONS.

LE PRINTEMPS.

Viens, doux printemps ! viens, fraîcheur éthérée !
Des noirs frimas délivre l'empyrée ;
Baigne la terre, et du sein des vapeurs
Répands sur elle un nuage de fleurs.
Le sombre hiver, qui grondait sur nos têtes,
Aux champs du nord va porter les tempêtes.
La neige fond et s'écoule en torrent.
Les aquilons, dans les grottes plaintives,

Ont agité leurs ailes fugitives :
On entendait la mer battre ses rives ;
Mais un vent frais de son souffle odorant
A caressé la nature effrayée,
Et des coteaux qu'il anime en courant
La robe verte est déjà déployée.
Souvent l'hiver revenant sur ses pas
Dans sa fureur commande aux noirs frimas
De contrister la faible et tendre Aurore,
Et sur Vesper la bise souffle encore.
L'oiseau léger, précurseur du printemps,
Craint d'annoncer la saison incertaine;
D'un vol timide il traverse la plaine,
Et va sonder la glace des étangs.

LÉONARD.

SOLSTICE D'ÉTÉ.

Feux qu'allume aux hameaux l'alégresse rustique,
Autrefois vers le Nil et dans la Grèce antique,
Du soleil au Cancer vous marquiez le retour ;
On vous voyait briller en l'honneur de ce jour,
Où l'astre des saisons dans son ellipse immense,
En cessant de monter, s'arrête en apparence,
Fournit dans l'étendue un cours si spacieux,
Et de son apogée illuminant les cieux,

Comme un triomphateur, sur son char magnifique,
Entre pompeusement au cercle du tropique.

Depuis que le soleil, au signe du Cancer,
Resplendit au plus haut des plaines de l'éther,
Il ne laisse à la nuit qu'un étroit intervalle
Entre le crépuscule et l'aube matinale :
De ce faîte des cieux où cet astre est monté,
Descendent l'abondance et la maturité,
L'une et l'autre en nos champs de son globe émanée;
Il féconde à la fois et partage l'année.
Mais c'est vers Tornéo qu'au bout de l'horizon,
Il ravit en ce mois les regards du Lapon :
Au moment qu'il paraît terminer sa carrière,
Qu'il nage au bord des monts dans des flots lumière,
O surprise! ô spectacle inconnu pour nos yeux!
Sous ce même horizon encor tout radieux,
L'astre, au lieu de plonger, en rase la surface,
S'élance à l'orient que sa lumière embrasse,
Et dans les champs des cieux recommençant son tour,
Sans aube et sans aurore il ouvre un nouveau jour.

LEMIERRE.

L'ÉTÉ.

Mais voici le moment où l'astre des saisons
Arrive du Cancer au lion de Némée;

Il revêt de splendeur la nature enflammée.
Le déluge embrasé qu'il répand dans les airs
Couvre les champs, les monts, les forêts et les mers;
Tout reçoit, réfléchit la clarté qu'il dispense;
Tout brille, confondu dans la lumière immense.
La campagne gémit sous les rayons brûlants;
De la terre entr'ouverte ils pénètrent les flancs;
Du sommet des rochers sur les arides plaines
Déjà n'arrive plus le tribut des fontaines.
Le fleuve se resserre, et l'habitant des eaux
Cherche l'abri d'un antre ou l'abri des roseaux.
Par des feux dévorants la sève est consumée;
Elle ne soutient plus la plante inanimée;
Et le grain détaché de l'herbe qui pâtit,
Dans le limon poudreux tombe et s'ensevelit.
Le coursier sans vigueur et la tête penchée,
Jette un triste regard sur l'herbe desséchée.
Le pasteur écarté sous des arbres touffus,
La tête sur la mousse et les bras étendus,
S'endort environné de ses brebis fidèles,
Et des chiens haletants qui veillent autour d'elles.
La chaleur a vaincu les esprits et les corps.
L'âme est sans volonté, les muscles sans ressorts;
L'homme, les animaux, la campagne épuisée,
Vainement à la nuit demandent la rosée.
Sous un ciel sans nuage on voit de longs éclairs

Serpenter sur les monts et sillonner les airs.
La Nuit marche à grands pas, et de son char d'ébène
Jette un voile léger que l'œil perce sans peine :
Son empire est douteux ; son règne est d'un moment :
L'éclat du jour qui naît blanchit le firmament ;
Des feux du jour passé l'horizon brille encore.
Les vents et la fraîcheur n'annoncent plus l'aurore.
La chaleur qui s'étend sur un monde en repos,
A suspendu les jeux, les chants et les travaux :
Tout est morne, brûlant, tranquille ; et la lumière
Est seule en mouvement dans la nature entière.

SAINT-LAMBERT.

L'AUTOMNE.

Ils sont venus ces jours de l'opulence,
Où règne en paix la céleste Balance !
L'été brûlant abandonne les cieux ;
Un tendre azur, éclatant de lumière,
S'est répandu sur l'univers heureux ;
La terre est calme, et l'astre qui l'éclaire
D'un voile frais a tempéré ses feux.

Je te salue, ô saison fortunée !
Tu viens à nous de pampres couronnée ;
Tu viens combler les vœux des laboureurs ;
Ces fruits nombreux que ta main nous dispense,

Par les frimas fécondés en silence,
Nés au printemps du calice des fleurs,
Et dans l'été nourris par les chaleurs,
S'offrent enfin dans leur beauté parfaite,
Et vont orner les chants de ton poète.
Quel doux repos favorise mes vers !
La moisson mûre, immobile, abondante,
Appesantit sa tête jaunissante;
Aucun zéphir ne vole dans les airs :
Si quelque vent fait sentir son haleine,
Des vagues d'or se roulent dans la plaine;
Le soleil joue, et les brillants éclairs,
Sur les épis, changés en vastes mers,
Semblent chasser des flots d'ombre incertaine.

LÉONARD.

LES VAPEURS D'AUTOMNE.

Mais le sombre horizon se refuse à l'aurore,
Et rend douteux long-temps le jour qui vient d'éclore.
Des nuages épais, sur les champs descendus,
Entourent de la nuit les objets confondus :
Immobiles sur l'onde et fixés sur la plaine,
Ils dérobent l'espace à la vue incertaine
Du triste voyageur dans sa route égaré,
Et qui suit au hasard un sentier ignoré.

L'astre du jour pâli répand des clartés sombres ;
Son disque sans rayons se montre dans les ombres ;
Ce voile nébuleux ajoute à sa grandeur.
Mais le soleil l'entr'ouvre, il reprend sa splendeur ;
Il argente les cieux, dont les vapeurs légères
Promènent sur les champs leurs ombres passagères.

SAINT-LAMBERT. (Les Saisons.)

LA FIN DE L'AUTOMNE.

Le soleil retiré vers l'humide Amalthée,
Jette un dernier regard sur la terre attristée :
Tout est changé pour nous. Ce théâtre inconstant
Où l'homme passe un jour, et jouit un instant,
Cette terre, autrefois si belle et si fertile,
De moment en moment devient pauvre et stérile.
Je ne les verrai plus ces émaux éclatants,
La pompe de l'été, les grâces du printemps,
Ces nuances du vert, des bois et des prairies,
Le pourpre des raisins, l'or des moissons mûries.
Les arbres ont perdu leurs derniers ornements ;
A travers leurs rameaux j'entends des sifflements.
Doux zéphir, qui le soir caressais la verdure,
Quel son, quel triste bruit succède à ton murmure !
Les vents courbent les pins, les ormes, les cyprès ;
Ils semblent dans leur course entraîner les forêts ;

Les arbres ébranlés de leurs cimes penchées
Font voler sur les champs les feuilles desséchées.
Les rayons du soleil, sans force et sans chaleur,
Ne perçant plus des airs la sombre profondeur,
Éole étend sur nous la nuit et les nuages.
L'ombre succède à l'ombre, et l'orage aux orages.
L'homme a perdu sa joie et son activité;
Les oiseaux sont sans voix, les troupeaux sans gaîté;
Ils ne reçoivent plus du dieu de la lumière
Ce feu qui fait sentir et vivre la matière.

SAINT-LAMBERT. (Les Saisons.)

SOLSTICE D'HIVER.

Cependant le soleil dans sa marche abrégée
Aux limites de l'an atteint son périgée.
Quand l'homme aux premiers temps vit ainsi par degrés
Décroître sous ses yeux les jours décolorés,
Lorsqu'il vit des moments que le soleil nous compte
Le retour plus tardif et la fuite plus prompte,
Qu'après ces jours tardifs d'autres encor plus courts
Précipitaient l'année en abrégeant leur cours,
Il pâlit, il crut voir l'astre expirant comme elle
Tout prêt à l'abîmer dans la nuit éternelle,
Tant les peuples en butte à d'aveugles terreurs,
De la destruction redoutant les horreurs,

Ne pouvaient rassurer leurs ames consternées,
Que par l'ordre constant du retour des années.

LEMIERRE.

TEMPÊTES ET INONDATIONS CAUSÉES PAR LE SOLSTICE D'HIVER.

Quel bruit s'est élevé des forêts ébranlées,
Du rivage des mers et du fond des vallées ?
Pourquoi ces sons affreux, ces longs rugissements,
Ce tumulte confus, ce choc des éléments ?
Les fougueux aquilons, déchaînés sur nos têtes,
Sous un ciel sans clarté promènent les tempêtes;
Ils grondent dans les bois et les vallons déserts :
Rapides tourbillons ils tournent sur les mers,
Ils élèvent des monts sur leurs voûtes profondes,
Sur les bords effrayés brisent les vastes ondes,
Et des bornes d'Alcide aux rives de Thulé
Balancent l'Océan sur le globe ébranlé.
Ces vents du haut des cieux précipitent les nues,
Les champs ont disparu sous des mers inconnues;
Sur les eaux qui tombaient le ciel verse des eaux;
Les torrents sont pressés par des torrents nouveaux;
Les fleuves en fureur ont franchi leurs rivages;
Jusqu'au penchant des monts ils portent leurs ravages;
Et des ponts abattus, des hameaux renversés,

Ils roulent dans leur sein les débris dispersés.
Quelques arbres épars dans d'immenses vallées,
Élèvent sur les eaux leurs tiges dépouillées,
Offrent de vains appuis à des infortunés
Luttant contre les flots, par des flots entraînés.
Ces ondes et ces vents, qui se livrent la guerre,
Jusqu'en ses fondements ont fait trembler la terre ;
Le monde est menacé du retour du chaos,
Et l'humide élément vainqueur de ses rivaux,
Vainqueur du dieu du jour, dans la nature entière
Semble éteindre aujourd'hui la vie et la lumière.
O terrible ouragan ! suspendez vos fureurs :
O campagne ! ô nature ! ô théâtre d'horreurs !
Quoi ! d'un père adoré l'univers est l'ouvrage !
Il chérit ses enfants, et voilà leur partage !

SAINT-LAMBERT. (*Les Saisons.*)

PASSAGE DU SOLEIL AU SOLSTICE D'HIVER.

Mais, tandis que la neige au fond d'une chaumière
Relègue l'indigent, le char de la lumière
Roule, touche au solstice, et la plus longue nuit
Pour douze mois entiers sous la terre s'enfuit,
Une pâle lueur a blanchi l'empyrée.
Enfant du ciel, rends-nous ta présence sacrée ;

Dévoile à nos regards ton front resplendissant,
Parais, et sois le dieu du monde renaissant !

ROUCHER.

SOLEIL D'HIVER.

Le Centaure a fait place à l'humide Amalthée (1),
Et l'urne épand ses flots sur la terre attristée.
Aux limites des cieux le soleil abaissé
Ne donne qu'un jour terne, obliquement lancé :
Son globe large, éteint, couvert d'un voile sombre,
Borde un moment le sud, et disparaît dans l'ombre.
O bel astre ! on dirait que tu fuis pour toujours !
Il semble qu'avec toi mon bonheur me délaisse !
Je voudrais que le temps s'arrêtât dans son cours.
Ton départ me saisit d'une amère tristesse.
Quel tumulte ! quel bruit ! quels longs gémissements
Remplissent tous ces lieux que j'ai vus si charmants !
Où sont ces lits de fleurs, ces gazons, ce feuillage ?
O Dieu conservateur ! est-ce là ton ouvrage ?
La terre abandonnée aux fureurs du Verseau
Reçoit de tous les maux l'influence ennemie.
L'ame languit ; la vie est pour elle un fardeau ;
Ses pensers sont plus noirs que la mélancolie.

(1) Le Centaure et Amalthée sont deux groupes d'étoiles comprises
sous ces noms mythologiques.

L'Hiver morne et plaintif se traîne en soupirant
Le long des bois déserts et des froids marécages ;
Et dans les antres sourds, peuplés de noirs présages,
L'écho répond au bruit du ruisseau murmurant.

LÉONARD.

L'HIVER ET SES FRIMAS.

D'un froid âpre et funeste il pénètre nos sens.
Le soleil lance en vain quelques traits impuissants ;
La nuit revient d'abord augmenter la froidure.
Des chaînes de cristal ont chargé la nature.
On n'entend plus le soir la course des ruisseaux.
La cascade muette a suspendu ses eaux ;
Le berger qui la voit au lever de l'aurore
L'observe en l'écoutant et croit l'entendre encore.
Les glaçons réunis sur les vastes étangs
Renferment sous un mur leurs tristes habitants.
Ce fleuve est enchaîné dans sa course rapide ;
Il voudrait s'élancer de la voûte solide ;
Sous le cristal vainqueur il roule emprisonné.

De givres, de glaçons ce bois est couronné ;
Ils brillent suspendus à la branche flétrie,
Et d'un voile d'argent ils couvrent la prairie.
Mais de nouveaux frimas rassemblés dans les airs

Pèsent sans mouvement sur les coteaux déserts,
Et la voûte des cieux, qui semble être abaissée,
Dépose avec lenteur la vapeur condensée.
Le fermier qui parcourt les guérets confondus,
Au milieu de ses champs ne les reconnaît plus.
Une vaste blancheur sur le monde étendue
Est la seule couleur qu'il présente à la vue ;
Ce voile universel dérobe à tous les yeux
Les ouvrages de l'homme et les bienfaits des dieux.

SAINT-LAMBERT. (*Les Saisons.*)

ORDRE DE L'UNIVERS.

Ces orages, disais-je, et ces tristes hivers,
Nos maux et nos plaisirs, nos travaux et nos fêtes,
Les frimas, les chaleurs, les beaux jours, les tempêtes,
Sont dans l'ordre éternel l'un à l'autre enchaînés.
Ils naissent de leur cause aux jours déterminés,
Et par ces changements la sagesse infinie
Dans l'univers immense entretient l'harmonie.
Les vents qui sur ces mers tourmentaient ces vaisseaux
Sur un rivage aride ont apporté les eaux ;
Les esprits sulfureux, les sels, l'huile éthérée,
Dispersés par ces vents de contrée en contrée,
Éléments de la sève, y vont rendre féconds
Les champs couverts de chaume, usés par les moissons.

Hiver, cruel hivèr, ton retour salutaire
A de nouveaux présents a disposé la terre;
Tandis que sur ces bôrds tu répands les frimas;
Le globe des saisons va sur d'autres climats
Renouveler la vie et varier l'année.
Soleil, marche et poursuis ta carrière ordonnée;
Nous te verrons dans peu recommencer ton cours,
Et ramener encor la joie et les beaux jours.
Voulons-nous jouir seuls de ta clarté féconde,
Que doivent partager tous les peuples du monde?

SAINT-LAMBERT. (*Les Saisons.*)

LES JOURS ET LES NUITS.

NAISSANCE DE L'AURORE.

Des rayons de Vesper le couchant brille encore,
Quand déjà l'orient pâlit devant l'aurore.
Une faible clarté, dans le vague des airs,
Perce rapidement le crépuscule sombre :
On découvre les monts et leurs panaches verts ;
Les torrents azurés semblent fumer dans l'ombre.
Bientôt le jour s'étend, et verse ses couleurs
Sur l'humide horizon, blanchi par les vapeurs.
L'alouette, en chantant, monte vers la lumière;
Le lièvre, ami des blés, s'abandonne à ses jeux ;

Le cerf léger bondit le long d'une clairière,
Et regarde souvent le berger matineux,
Qui sort, avec la paix, de son humble chaumière.

Léonard.

LE DERNIER MOMENT DE L'AURORE.

Ainsi que sur ces monts qui bordent l'Italie
Le rideau de la nuit s'élève et se replie
Au moment que l'aurore, à son premier réveil,
Annonce à l'univers la marche du soleil :
Déjà de l'orient la rive est éclairée ;
Le midi s'ouvre aux traits d'une clarté dorée ;
Le couchant s'embellit et s'anime à son tour ;
Mais la nuit vers le nord conserve encor sa cour :
Un feu pur cependant fait pâlir les étoiles ;
L'obscurité s'enfuit en déchirant ses voiles ;
Les parfums du matin s'exhalent dans les airs ;
L'éclat de l'orient réfléchit sur les mers :
Enfin le jour triomphe, et la nature entière
S'abandonne au soleil, qui lui rend la lumière.

Le C. de Bernis.

LE LEVER DU SOLEIL.

Souverain bienfaisant de la céleste voûte,
Et des Heures en cercle entouré sur sa route,
Le soleil a conduit son char étincelant
Du signe du Bélier vers le Taureau brillant.
L'orient va s'ouvrir : de la sève animée
S'élève vers le dieu l'offrande parfumée.
Le feu de ses rayons n'entr'ouvre point encor
Les nuages voisins qu'il change en vagues d'or ;
Mais son front se dévoile, et soudain la lumière
Perce, vole et s'étend sur la nature entière.

BOISGELIN.

COUCHER DU SOLEIL AU PRINTEMPS.

ROSÉE.

Cet astre, en s'élevant de l'orient vermeil,
Paraît environné d'une vapeur légère
Qui monte dans les cieux, s'étend sur l'hémisphère,
Et sans troubler les airs répand l'obscurité.
Le feuillage du saule est à peine agité,
Et les faibles roseaux ne courbent point leurs têtes.
On n'entend point ces bruits précurseurs des tempêtes ;
Les troupeaux sans effroi s'écartent des hameaux,
L'oiseau dans les vergers chante sous les rameaux.

La nue enfin s'abaisse, et sur les champs paisibles
Distille sa rosée en gouttes insensibles :
Je ne vois point les flots de sa chute ébranlés,
Ni leur sein sillonné de cercles redoublés ;
A peine je l'entends dans le bois solitaire
Tomber de feuille en feuille et couler sur la terre.
Jusqu'à la fin du jour la tranquille vapeur
Sur les champs ranimés dépose la fraîcheur.
Le soleil au couchant dore enfin nos rivages ;
Il sème de rubis le contour des nuages.
La campagne étincelle ; un cercle radieux,
Tracé dans l'air humide, unit la terre aux cieux.
Les nuages légers où brillait la lumière
Suivent le globe ardent qui finit sa carrière.
La Nuit, qui sur son char s'élève au firmament,
Amène le repos, suspend le mouvement ;
Et le bruit faible et doux du zéphir et de l'onde
Se fait entendre seul dans ce calme du monde.
Ce murmure assoupit les sens du laboureur ;
Les spectacles du jour ont réjoui son cœur ;
Il a vu sur ses champs descendre l'abondance ;
Et des songes flatteurs, enfants de l'espérance,
Lui rendent les plaisirs qu'interrompt son sommeil.

SAINT-LAMBERT. (Les Saisons.)

LE CRÉPUSCULE.

Déjà dans le sein d'Amphitrite
L'astre du jour se précipite
Entouré de nuages d'or :
Les derniers pas de sa carrière
Jettent des restes de lumière
Dont l'Olympe jouit encor.

Cependant l'humide rosée
Rafraîchit la terre embrasée ;
Zéphir voltige au bord des eaux ;
Et, s'élevant du sein des plaines,
Déjà les vapeurs incertaines
Blanchissent le front des coteaux.

Vesper s'avance, il va répandre
Cette clarté douteuse et tendre
Qui semble caresser les yeux :
Zirphé, c'est l'heure du mystère,
Viens goûter le frais solitaire
De nos bosquets délicieux.

LEBRUN.

CRÉPUSCULE D'ÉTÉ.

Quel beau soir! les zéphirs, de leurs molles haleines,
Courbent légèrement la pointe des guérets;
Un torrent de parfums sort des bois et des plaines;
Le soleil, en fuyant, se projette à longs traits
Sur les monts, sur les tours, sur les eaux des fontaines :
Un éclat vaporeux répandu dans les airs,
Comme un voile de pourpre, embrasse l'univers.
Des nuages d'argent, d'azur et d'amarante,
Ornements passagers de la robe des cieux,
Se suivent doucement dans leur forme changeante,
Comme un songe riant qui se peint sous nos yeux.
C'est ici le moment des fraîches promenades.
Vesper a ramené les heures de l'amour.
Que de gazons foulés dans le déclin du jour !
Que de fleuves charmés embrassent les naïades !
C'est alors, si j'en crois les chantres fabuleux,
Que Phébus, détellant ses coursiers lumineux,
Va retrouver Thétis dans sa grotte profonde :
Il s'abaisse, entouré de nuages pompeux,
Se plonge, et par degrés s'ensevelit dans l'onde.

LÉONARD.

LE CRÉPUSCULE ET L'AURORE.

Oh ! qui pourra jamais voir sans être attendri
L'éclat demi-voilé de l'horizon plus sombre,
Ce mélange confus du soleil et de l'ombre,
Ces combats indécis de la nuit et du jour,
Ces feux mourants épars sur les monts d'alentour,
Ce couchant radieux que le pourpre colore,
Précurseur de la nuit et frère de l'aurore,
Le ciel qui par degrés se peint d'un gris obscur,
Et le jour qui s'éteint sous un voile d'azur ?

MICHAUD.

PASSAGE DU CRÉPUSCULE A LA NUIT.

Quelques restes du jour percent l'obscurité,
Et vont frapper les monts qui s'enflamment encore.
Mais d'un rouge foncé l'occident se colore ;
Les plaines, les vallons, le bosquet agité,
Tel qu'un fantôme vain dont l'erreur nous abuse,
N'offrent plus à nos yeux qu'une image confuse.
Près de chaque buisson, dans les bois tortueux,
Le ver étincelant luit au fond des ombrages ;
Les astres sur les eaux réfléchissent leurs feux ;
L'éclair brille au midi, sans annoncer d'orages ;
L'étoile de Vénus, qui monte dans les cieux,
Va guider des amants les pas mystérieux :

Diane, enfin, paraît au-dessus des montagnes ;
Sur les plis du ruisseau son globe est répété,
Et tandis que la caille appelle ses compagnes,
Un vent frais et léger répand sur les campagnes
La vapeur végétale et la fécondité.

LÉONARD.

LE SOLEIL SOUS L'HORIZON.

Déjà, pressé par sa rivale,
Le roi des astres, moins ardent,
Se précipite à l'occident
Sur un char de nacre et d'opale.
L'extrémité de ses rayons
Éclaire au loin la mer profonde ;
Et tandis que nous le croyons
Plongé dans les gouffres de l'onde
Armé de feux étincelants,
Il ouvre à ses coursiers brûlants
Les barrières de l'autre monde.

Le C. DE BERNIS.

LES QUATRE PARTIES DU JOUR.

LE MATIN.

Des nuits l'inégale courrière
S'éloigne et pâlit à nos yeux ;

Chaque astre au bout de sa carrière
Semble se perdre dans les cieux.
Des bords habités par le More
Déjà les Heures de retour
Ouvrent lentement à l'Aurore
Les portes du palais du jour.

LE MIDI.

Ce grand astre dont la lumière
Enflamme la voûte des cieux
Semble, au milieu de sa carrière,
Suspendre son cours glorieux.
Fier d'être le flambeau du monde,
Il contemple du haut des airs
L'olympe, la terre et les mers,
Remplis de sa clarté féconde,
Et jusques au fond des enfers
Il fait rentrer la nuit profonde
Qui lui disputait l'univers.
Toute la nature en silence
Attend que le dieu de Délos
De son char lumineux s'élance
Dans l'humide séjour des flots.

LE SOIR.

Le dieu qui brûlait les campagnes
Se dérobe enfin à nos yeux;

Il fuit, et son char radieux
Ne dore plus que les montagnes.
Déjà, par sa voix avertis,
Ses coursiers vigoureux s'agitent ;
Leurs crins se dressent, ils s'irritent,
Et doublent leurs pas ralentis ;
Ils volent et se précipitent
Au fond du palais de Thétis.

LA NUIT.

Les ombres du haut des montagnes
Se répandent sur les coteaux ;
On voit fumer dans les campagnes
Les toits rustiques des hameaux ;
Les songes traînent en silence
Son char parsemé de saphirs ;
L'Amour dans les airs se balance
Sur l'aile humide des Zéphirs.
O toi si long-temps redoutée,
Déesse paisible des airs,
O lune! embellis l'univers,
Et de ta lumière argentée
Blanchis la surface des mers.

(Extrait du C. DE BERNIS.)

Phénomènes de l'atmosphère.

Toute la terre est environnée d'une masse de vapeur aérienne, qu'on appelle atmosphère, et qui, dans les parties où sa densité est sensible, a environ seize lieues de hauteur.

C'est l'atmosphère qui, par la réfraction de la lumière, produit l'aurore et le crépuscule; l'arc-en-ciel n'est également produit que par la réfraction de la lumière dans les gouttes de pluie. L'atmosphère, combinée avec les vapeurs aqueuses et d'autres émanations de la terre, donne aussi les *nuages*, les *brouillards*, la *pluie*, la *neige*, la *grêle*, les *orages*. La combustion ne pouvant avoir lieu que dans l'air atmosphérique, il n'y aurait pas d'éruptions de volcans si nous étions privés d'atmosphère.

LES NUAGES.

Pour l'océan des cieux, voyez l'astre du jour
Enlever les vapeurs de l'humide séjour.
De cette masse d'eau dans les airs emportée
La force du calcul recule épouvantée.
Au globe qui fournit ces humides tributs
Le ciel qui les pompa rend les flots qu'il a bus ;
La mer reprend sa part ; à la terre arrosée
L'autre revient en pluie, en frimas, en rosée :
De ces gaz, de la terre assidus messagers,
Les uns sont plus pesants, les autres plus légers ;
Les uns vont sans détours à la céleste voûte ;
Les autres, par les monts arrêtés dans leur route,
S'infiltrent dans leur sein ; des fleuves, des ruisseaux,
Dans leurs profonds bassins vont former les berceaux.
Sans cesse le soleil emporte ces nuages,
Exacts à leur retour, constants dans leurs voyages :
Le soleil entretient cet échange éternel
Des vapeurs de la terre et des ondes du ciel :
Ainsi l'eau, l'air, le feu, la terre, se répondent,
L'océan se répare, et nos champs se fécondent.

(Les Trois Règnes, chant 3.)

FORMES VARIÉES DES NUAGES.

Habitants vagabonds de la céleste voûte,
Aux changeantes couleurs, aux visages divers,
Dites, quel dieu vous trace une mobile route
Et balance vos corps dans le vide des airs ?
Sur l'azur d'un beau ciel quelle main vous promène
Comme de longs réseaux d'or, d'albâtre ou d'ébène ?
Par quel secret pouvoir l'astre de l'univers
Fait-il monter vers lui du vaste sein des mers
Ces amas de vapeurs qui, formés en nuages,
Redescendent en pluie ou tombent en orages ?
Oh ! combien j'aime à suivre et de l'âme et des yeux
Vos globes tour à tour obscurs et radieux,
Soit qu'aux jours de l'été du faîte des montagnes
L'abondance avec vous pleuve sur nos campagnes ;
      Soit que l'un sur l'autre roulant,
De votre choc rival vous agitiez la terre,
      Et laissiez jaillir de vos flancs
      La triple flamme du tonnerre ;
Soit qu'enfin le soleil, levé dans votre sein,
Vous jette de ses feux l'éclatante prémice,
      Ou que son char vous revêtisse
      De la pourpre de son déclin !
Par leurs prismes divers quand la lumière et l'ombre
Tracent en se jouant des images sans nombre,

Que je me plais à voir sur votre front mouvant
Ces villes, ces palais, ces châteaux fantastiques
    Pareils à ces rêves mystiques
Qui voyagent portés sur les ailes du vent!
En objets variés chaque instant vous transforme :
Vous vous dressez en monts, vous voguez en vaisseaux;
Là s'élève un rempart hérissé de créneaux;
Ici vole un dragon ouvrant sa gueule énorme;
Plus loin c'est un géant qui semble armé d'un fer,
Frapper le monstre, fuir et se perdre dans l'air.....
C'est peu : comme un miroir vous reflétez le monde;
Tous les jeux contrastés de la terre et de l'onde
    Se reproduisent dans vos jeux;
Vos fronts de nos beautés tour à tour s'enrichissent;
Nos forêts, nos coteaux, nos mers s'y réfléchissent;
Tant la nature unit par un mélange heureux
Les tableaux opposés de la terre et des cieux!

M. BIGNAN.

PLUIE DU PRINTEMPS.

Si des brouillards, montant sur l'horizon,
Coulent en pluie au lever des pléiades,
Ce ne sont plus ces flots dont les hyades
Nous inondaient dans la froide saison;
C'est l'eau du ciel que l'urne des naïades

Va recueillir pour mouiller le gazon.
L'humidité qui tombe de la nue
Sous le feuillage est à peine entendue :
Mais les sillons reçoivent son trésor ;
L'étang se perle, et bouillonne à la vue.
Sur les bosquets brillent des larmes d'or :
L'eau printanière est partout répandue.

LÉONARD.

L'ORAGE.

On voit à l'horizon, de deux points opposés,
Des nuages monter dans les airs embrasés ;
On les voit s'épaissir, s'élever et s'étendre.
D'un tonnerre éloigné le bruit s'est fait entendre :
Les flots en ont frémi, l'air en est ébranlé,
Et le long du vallon le feuillage a tremblé.
Les monts ont prolongé le lugubre murmure
Dont le son lent et sourd attriste la nature.
Il succède à ce bruit un calme plein d'horreur,
Et la terre en silence attend dans la terreur.
Des monts et des rochers le vaste amphithéâtre
Disparaît tout à coup sous un voile grisâtre ;
Le nuage élargi les couvre de ses flancs ;
Il pèse sur les airs tranquilles et brûlants.
Mais des traits enflammés ont sillonné la nue,

Et la foudre, en grondant, roule dans l'étendue;
Elle redouble, vole, éclate dans les airs.
Leur nuit est plus profonde, et de vastes éclairs
En font sortir sans cesse un jour pâle et livide.
Du couchant ténébreux s'élance un vent rapide
Qui tourne sur la plaine, et rasant les sillons,
Enlève un sable noir qui roule en tourbillons.
Ce nuage nouveau, ce torrent de poussière,
Dérobe à la campagne un reste de lumière.
La peur, l'airain sonnant, dans les temples sacrés
Font entrer à grands flots les peuples égarés.
Grand Dieu! vois à tes pieds leur foule consternée
Te demander le prix des travaux de l'année.
Hélas! d'un ciel en feu les globules glacés
Écrasent, en tombant, les épis renversés.
Le tonnerre et les vents déchirent les nuages;
Le fermier de ses champs contemple les ravages,
Et presse dans ses bras ses enfants effrayés.
La foudre éclate, tombe, et des monts foudroyés
Descendent à grand bruit les graviers et les ondes
Qui courent en torrent sur les plaines fécondes.
O récolte! ô moisson! tout périt sans retour :
L'ouvrage de l'année est détruit dans un jour.

SAINT-LAMBERT.

L'ARC-EN-CIEL.

Mais que l'astre du jour après un long orage
Dans d'humides vapeurs lance au loin son image,
Qu'il montre à nos regards si doucement surpris
Ses rayons divisés sur l'écharpe d'Iris,
Ce grand arc qui des cieux traverse l'étendue,
Ce prisme suspendu dont s'embellit la nue,
Où par d'heureux accords cette couleur qui luit
Tient du ton qui la quitte et du ton qui la suit,
Où par l'effet d'un art invisible et suprême
Cette teinte n'est plus et semble encor la même;
Où, laissant voir partout d'insensibles rapports,
Le contraste des tons ne paraît qu'aux deux bords.

LEMIERRE. (*La Peinture.*)

MÊME SUJET.

Le soleil, que voilait la vapeur printanière,
Commence à dégager sa flamme prisonnière;
Enfin dans un nuage où l'œil du jour se plonge,
La ceinture d'Iris se voûte en arc, s'alonge,
Et du flambeau du ciel décomposant les feux,
Du pourpre au double jaune, et du jaune aux deux bleus,
Jusques au violet qui, par degré s'efface,
Promène nos regards sur les airs qu'elle embrasse.

Salut, gage riant de la sérénité !
Les sources d'où jaillit l'éclat de ta beauté
Pour nos grossiers aïeux ne furent point ouvertes ;
Tel est l'arrêt du sort....

ROUCHER.

LES BRUMES.

Des nuages légers, dans l'air moins élevés,
Effleurant des coteaux les sommets cultivés,
Déposés sur le sable et le limon fertile,
Pénètrent les rochers, s'arrêtent sur l'argile,
Et, s'échappant de l'antre où distillaient leurs eaux,
Forment en bouillonnant les sources des ruisseaux ;
Ils serpentent d'abord sur des plaines fécondes ;
Ils vont confondre au loin leur murmure et leurs ondes,
S'ouvrir en s'unissant un plus vaste canal,
Et rouler sur l'arène un paisible cristal.
Ainsi du sein des mers une mer de nuages
S'exhale, se répand, et part de leurs rivages,
Du liquide fécond pénètre l'univers,
Et par mille canaux retourne au sein des mers.
Ces voiles suspendus qui cachent à la terre
Le ciel qui la couronne, et l'astre qui l'éclaire,
Préparent les mortels au retour des frimas.
Si le soleil encor se montre à nos climats,

Il n'arme plus de feux les rayons qu'il nous lance;
La nature à grands pas marche à sa décadence.

SAINT-LAMBERT. (Les Saisons.)

LA GRÊLE.

Quand l'eau monte en vapeur à la céleste voûte,
Si le froid la saisit déjà formée en goutte,
Alors la grêle tombe, et ses grains bondissants
Battent à coups pressés nos toits retentissants.
Quelquefois d'autres corps en traversant l'espace
Grossissent dans leur cours ces globules de glace ;
Alors, bien plus funeste à nos champs dévastés,
Tombe du haut des cieux, à coups précipités,
Cette grêle tranchante, effroi de nos vendanges,
Qui hache les épis, faible espoir de nos granges,
Dépouille nos forêts, les jardins, les vergers,
Écrase les troupeaux, quelquefois les bergers.
Terrible, impétueuse, elle frappe, et sa rage
D'une année en un jour anéantit l'ouvrage.

(Les Trois Règnes, chant 3.)

LA NEIGE.

Le givre, les frimas sont des brouillards durcis,
Et par d'autres vapeurs en tombant épaissis;

Mais avant que cette onde en gouttes se rassemble,
Si ces molles vapeurs sont surprises ensemble,
Alors des champs de l'air l'empire nuageux
Nous verse à gros flocons tous ces amas neigeux
Qui comblent nos vallons, recouvrent nos montagnes.
Ah! que je plains alors l'habitant des campagnes!
Malheur au bûcheron qui, revenant du bois,
Retourne sur le soir à ses antiques toits;
Il ne reconnaît plus le fleuve, la vallée;
Sa vue est éblouie et son ame est troublée:
Il s'égare, il s'enfonce en de nouveaux tombeaux.

DELILLE.

MÊME SUJET.

Les nuages, poussés par les vents de l'aurore,
Autour de l'horizon se promènent encore;
Ils roulent pesamment des flocons nébuleux:
La neige, dans l'air calme, avec lenteur s'abaisse;
Elle vole bientôt, plus prompte et plus épaisse,
Et de son flux rapide elle obscurcit les cieux.
Un vêtement d'hiver est jeté sur les plaines,
Et cache des forêts la triste nudité.
Tout brille de blancheur, hors le bord des fontaines
Avant que le soleil ait éteint sa clarté,
La surface des champs, profondément couverte,
Est une solitude, une plage déserte,

Sauvage, éblouissante, où le regard perdu
Ne voit qu'un long tapis sur la terre étendu.
Le troupeau languissant, et la tête penchée,
Cherche à travers la neige une herbe desséchée.
L'oiseau près des vanneurs accourt sans s'effrayer,
Et réclame sa part de leur grain nourricier.
Le rouge-gorge, ami des tranquilles chaumières,
Quitte ses compagnons tremblants sur les bruyères,
Pour confier son sort à l'homme hospitalier :
Autour de la fenêtre il vole et bat de l'aile ;
Bientôt, apprivoisé par la saison cruelle,
Il vient en becquetant jusqu'auprès du foyer,
Regarde à ses côtés la troupe souriante,
S'éloigne, approche encore, et, rendu familier,
Il ose enfin paraître à leur table indigente.

LÉONARD.

LES VOLCANS.

Volcan ! le feu nourrit ta fougue triomphante ;
Le feu te réclamait, mais la terre t'enfante.....
Volcan ! de l'incendie affreux avant-coureurs,
De sourds frémissements annoncent tes fureurs :
Le feu dilate l'air, il évapore l'onde ;
Le monstre se débat dans sa prison profonde ;
Des rochers escarpés, des montagnes, des bois,

En vain pèse sur lui l'épouvante poids.....
Plus il est captivé, plus il sera terrible.
L'instinct a pressenti l'explosion horrible.
Les troupeaux consternés quittent ce sol brûlant,
L'oiseau part effrayé, le chien fuit en hurlant;
Enfin il rompt sa voûte, il brise ses murailles;
De ses flancs déchirés il vomit ses entrailles;
Mélangé de fumée, et de cendre et d'éclairs,
En colonne rougeâtre il monte dans les airs;
Du noir abîme aux cieux il fait voler la pierre,
De ses sillons brûlants laboure au loin la terre,
Et des rochers dissous, et des métaux fondus,
Roule en flots enflammés les torrents confondus.
Adieu les fleurs, les fruits et la moisson naissante.
Tout tremble, tout frémit; la terre mugissante
Secoue avec fureur ses abîmes profonds,
Et les tours des cités et les forêts des monts.
Les vallons sont comblés, et les sommets s'abaissent;
Des fleuves sont formés, des fleuves disparaissent.
Il parcourt, il enflamme et la terre et les airs;
Il gonfle les torrents, il soulève les mers.
Et le ciel réunit, pour châtier le monde,
Au déluge du feu le déluge de l'onde.

DELILLE.

La Lune.

On appelle *lunes* ou *satellites* des planètes secondaires qui accompagnent quel-
ques-unes des onze planètes principales
dans leur marche autour du soleil. Notre
planète n'a qu'une seule lune, Jupiter
en a quatre, Saturne sept, et Uranus en
a six.

La lune est environ quarante-neuf fois
plus petite que la terre. Elle la suit le long
de l'écliptique et tourne continuellement
autour d'elle ; elle accomplit chaque révolution en 27 jours 7 heures 43', d'occident
en orient. Sa vitesse est d'environ 14 lieues
par minute.

Sa forme est celle d'un corps sphérique
un peu applati vers les pôles, et celle de
son orbite est elliptique. L'endroit où elle
est le plus près de la terre se nomme le *périgée* ; celui où elle en est le plus loin s'ap-

pelle l'*apogée*. Sa distance moyenne est de 98,650 lieues.

La lune est un corps opaque comme la terre. Elle emprunte sa lumière du soleil dont elle nous renvoie les rayons. Aussi la chaleur de sa lumière est-elle trois cent mille fois plus faible que celle de cet astre.

La lune a un mouvement de rotation sur elle-même, qui dure autant que sa révolution; elle nous présente toujours le même côté, et offre successivement aux rayons du soleil tous les points de sa surface; mais comme elle n'a qu'un seul mouvement de rotation en 27 jours, chacune de ses parties a une nuit et un jour qui durent quatorze des nôtres, et qui se succèdent alternativement.

Les *phases* ou changements d'aspect de la lune ont lieu tous les sept jours. Lorsqu'elle se trouve entre le soleil et la terre, l'hémisphère qui est de notre côté reste obscur, et nous ne la voyons pas : alors la lune est *nouvelle* et dans son *apogée*; c'est ce qu'on nomme aussi la *néoménie*. La lune continue d'être invisible pendant cinq jours, commence à paraître sous la forme d'un croissant, et le septième jour se montre en demi-lune : c'est le premier quartier. La partie éclairée va en s'élargissant dans une forme ovale ; sept jours après, le premier quartier présente un de ses hémisphères entièrement éclairé : c'est alors la *pleine lune ;* elle est dans son *périgée*, et en opposition avec le soleil. Sa partie lumineuse s'efface peu à peu, parvient en sept jours à son *dernier quartier,* où elle offre le même aspect qu'au premier : alors elle se trouve dans son *déclin ;* on ne voit bientôt plus qu'un croissant qui diminue insensiblement, et finit par disparaître à nos yeux.

Si la lune était dans le même plan que la terre, c'est-à-dire si l'orbite lunaire coïncidait avec l'écliptique, nous ne la verrions pas lors de l'opposition, car elle serait cachée par la terre. Mais l'orbite lunaire est incliné d'environ 5 degrés 8 minutes sur l'écliptique ; elle s'élève ainsi de 5° 8' au-dessus de ce cercle, et s'abaisse au-dessous de la même quantité : les deux points où elle coupe l'écliptique, soit pour monter, soit pour descendre, se nomment les *nœuds* de l'orbite lunaire.

C'est quand la lune se trouve dans les *nœuds* qu'arrivent les éclipses *totales* ou *centrales*, soit de soleil, soit de lune, parce qu'alors le soleil, la lune et la terre, ont leurs centres sur la même ligne. Si la lune est entre nous et le soleil, elle nous dérobe la vue de cet astre en tout ou en partie ; il y a donc éclipse de soleil, totale ou partielle ; il y a au contraire éclipse de lune si c'est la terre qui se trouve entre ce satellite et le soleil, dont elle intercepte les rayons.

On a remarqué de grandes taches sur la lune ; ce sont des vallées et des montagnes. On croit y avoir aussi découvert des volcans, et l'opinion qu'elle est habitée ne paraît pas dénuée de vraisemblance.

LA LUNE.

A peine est rallumé le flambeau de Vénus,
Qu'en foule, à ce signal, les astres revenus
Apportent à la nuit leur tribut de lumière :
L'amoureuse Phœbé s'avance la première,
Et, le front rayonnant d'une douce clarté,
Dévoile avec lenteur son croissant argenté.
Ah ! sans les pâles feux que son disque nous lance,
L'homme, errant dans la nuit, en fuirait le silence ;
Et, tel qu'un jeune enfant que poursuit la terreur,
Faible, il croirait marcher environné d'horreur.
Viens donc d'un jour à l'autre embrasser l'intervalle,
O lune ! ô du soleil la sœur et la rivale !
Et que tes rais d'argent, par l'onde réfléchis,
Se prolongent en paix sur les coteaux blanchis.

ROUCHER.

LE CLAIR DE LUNE.

Mais de Diane au ciel l'astre vient de paraître ;
Qu'il luit paisiblement sur ce séjour champêtre !
Éloigne tes pavots, Morphée, et laisse-moi
Contempler ce bel astre aussi calme que toi,
Cette voûte des cieux mélancolique et pure,

Ce demi-jour si doux levé sur la nature,
Ces sphères qui, roulant dans l'espace des cieux,
Semblent y ralentir leurs cours silencieux;
Du disque de Phœbé la lumière argentée,
En rayons tremblotants sous ces eaux répétée,
Ou qui jette en ce lieu, à travers les rameaux,
Une clarté douteuse et des jours inégaux,
Des différents objets la couleur affaiblie,
Tout repose la vue et l'ame recueillie.
Reine des nuits, l'amant devant toi vient rêver,
Le sage réfléchir, le savant observer;
Il tarde au voyageur, dans une nuit obscure,
Que ton pâle flambeau se lève et le rassure :
Le ciel d'où tu me suis est le sacré vallon,
Et je sens que Diane est la sœur d'Apollon.
Heureux qui, s'élevant aux principes des choses,
Éclaircira le voile étendu sur les causes,
Dira comment cet astre en son cours inégal,
A la voûte des cieux si paisible fanal,
Qu'on voit si près de nous dans l'ordre planétaire,
Paraître, s'approcher par amour pour la terre,
Soulève l'Océan, produit du haut des airs
Par accès réguliers cette fièvre des mers,
Et comment l'Océan, qui submergeait la plage,
Décroissant par degrés, laisse à nu le rivage.

LEMIERRE.

LE CLAIR DE LUNE SUR LES FLOTS.

Mais la nuit, au trône des cieux,
Dissipant au loin les nuages,
Vient encore attacher nos yeux
Sur de plus frappantes images.
La sœur aimable du soleil
Se lève sur l'onde apaisée,
Et répand de son char vermeil
Le jour tendre de l'Élysée ;
Elle embellit les régions
Qu'abandonne l'astre du monde ;
Elle éclaire les alcyons
Qui planent sur la mer profonde ;
La vague tremblante de l'onde
Brise et dissipe les rayons
De sa lumière vagabonde.

Le C. DE BERNIS.

UN RAYON DE LA LUNE.

Tout à coup détaché des cieux,
Un rayon de l'astre nocturne,
Glissant sur mon front taciturne,
Vient mollement toucher mes yeux.

Doux reflet d'un globe de flamme,
Charmant rayon, que me veux-tu ?
Viens-tu dans mon sein abattu
Porter la lumière à mon ame ?

Descends-tu pour me révéler
Des mondes le divin mystère,
Ces secrets cachés dans la sphère
Où le jour va te rappeler ?

Une secrète intelligence
T'adresse-t-elle aux malheureux ?
Viens-tu la nuit briller sur eux
Comme un rayon de l'espérance ?

Viens-tu dévoiler l'avenir
Au cœur fatigué qui t'implore ?
Rayon divin, es-tu l'aurore
Du jour qui ne doit pas finir ?

M. Alphonse de Lamartine.

DESTINATION DE LA LUNE.

Liée à nos destins par droit de voisinage,
La lune nous échut à titre d'apanage;
Et l'éternel contrat qui l'enchaîne à nos lois,

12

D'un vassal, envers nous, lui prescrit les emplois;
Par elle nous goûtons les douceurs de l'empire.
Des traits brûlants du jour quand le monde respire,
Tributaire fidèle, en reflets amoureux,
Elle vient du soleil nous adoucir les feux,
Tantôt brille en croissant, tantôt luit tout entière,
Et commerce avec nous et d'ombre et de lumière.

                                CHÊSTD LLÉ.

LE SOLEIL ET LA LUNE SUR L'HORIZON.

Sous le signe brûlant de la jeune Procris,
Promenant ma pensée en des vallons fleuris,
De la voûte du ciel la scène inattendue
Vers le déclin du jour frappa soudain ma vue;
Dans les flancs du midi l'orage étoit formé,
Par les feux du soleil le couchant enflammé;
Le nuage avançait; l'astre qui nous éclaire
Lui disputait les cieux par cent jets de lumière;
Pendant ce long combat de la nuit et du jour,
Vers l'orient serein, Diane de retour
Faisait luire son disque, et sa paisible image
Servait de demi-teinte entre l'astre et l'orage.

                        LEMIERRE. (*La Peinture.*)

L'UNIVERS COLORÉ PAR LE SOLEIL ET LA LUNE.

Partout, d'un pôle à l'autre, et de la terre aux cieux,
L'univers coloré resplendit à nos yeux.
Quand l'oiseau de son chant vient saluer l'aurore,
De quel pur orangé l'orient se décore!
De quels feux le soleil peint les airs en marchant!
Quels flots de pourpre et d'or il roule à son couchant!
Sous quel aspect superbe il semble reproduire
L'assemblage grossier des vapeurs qu'il attire!
Astre inégal des nuits, quelle douce clarté
S'échappe par les airs de ton disque argenté!
Même lorsque la nuit, en déployant ses voiles,
Fait dans un sombre azur scintiller les étoiles,
Que sur ce fond obscur l'œil est encor charmé
De tous ces points brillants dont le ciel est semé!

LEMIERRE. (La Peinture.)

LA LUNE PENDANT L'ÉTÉ.

Majestueux été, pardonne à mon silence!
J'admire ton éclat, mais crains ta violence,
Et je n'aime à te voir qu'en de plus doux instants,
Avec l'air de l'automne ou les traits du printemps.
Que dis-je! ah! si tes jours fatiguent la nature,

Que tes nuits ont de charme, et quelle fraîcheur pure
Vient remplacer des cieux le brûlant appareil !
Combien l'œil, fatigué des pompes du soleil,
Aime à voir de la nuit la modeste courrière
Revêtir mollement de sa pâle lumière
Et le sein des vallons et le front des coteaux,
Se glisser dans les bois et trembler dans les eaux !

(*L'Homme des champs.*)

CAUSES DES ÉCLIPSES SELON LES ANCIENS.

Recherchons quel pouvoir, dans leur noble carrière,
Des célestes flambeaux éclipse la lumière.
Peut-être du soleil le disque est obscurci,
Quand Phœbé, le couvrant de son orbe épaissi,
Sur son front lumineux étend un voile sombre ;
Ou quand un astre éteint l'entoure de son ombre ;
Ou quand le dieu lassé, dans les airs qu'il combat,
Du céleste flambeau laisse altérer l'éclat,
Lorsqu'en des régions à sa flamme contraires
Il a précipité ses coursiers téméraires.
La courrière des nuits s'obscurcit à son tour
Quand la terre, absorbant tous les rayons du jour,
Dirige vers cet astre, au travers de l'espace,
Le cône ténébreux qui la couvre et l'efface ;
Ou quand un globe obscur, rival audacieux,

L'emprisonne un moment sous les lambris des cieux ;
Ou quand , loin de sa route imprudemment lancée,
Elle ceint le bandeau qui la tient éclipsée.

        LUCRÈCE , trad. de M. DE PONGERVILLE.

LES ÉCLIPSES.

Les phases de la lune, et son globe argenté,
Chaque jour du soleil empruntent leur clarté.
Quelquefois quand son disque est plein de feu solaire,
Il se plonge aussitôt dans l'ombre de la terre.
Il disparaît pour nous, et ce disque effrayant,
S'il s'aperçoit encore, est livide ou sanglant ;
L'obscurité subite en devient plus profonde.
La Peur d'un pas tremblant parcourt soudain le monde.
Le sauvage, l'Indou, les peuples ignorants,
Invoquent la clarté par des cris déchirants.
La lune, en s'échappant de cette ombre grossière,
Calme, reprend sa forme et sa splendeur première,
Remonte en peu de temps près de l'astre du jour,
Entre la terre et lui se place sans détour,
Oppose à ses rayons sa masse épaisse et sombre,
Et de son propre globe elle nous lance l'ombre.
Le soleil s'obscurcit et disparaît des cieux,
Les étoiles soudain renaissent à nos yeux ;
La lune même éteint ses feux auxiliaires,

Et le monde a perdu ses deux grands luminaires.
Dans les pays frappés de tant d'obscurité,
L'homme n'est pas le seul qui soit épouvanté.
Le tigre perd d'effroi sa fureur carnassière,
Le lion rugissant regagne sa tanière,
Les troupeaux dispersés se sauvent dans les bois,
Et l'oiseau n'ose plus faire entendre sa voix;
La lune, en projetant son ombre sur la terre,
N'y trace qu'une zone et sombre et passagère;
Elle laisse du jour briller la pureté
Près des lieux qu'elle livre à tant d'obscurité;
Et son ombre, courant de rivage en rivage,
Montre d'elle partout une diverse image.
Là, je la vois former le plus léger croissant
Sur le bord du soleil qu'elle échancre en passant;
Elle paraît plus loin, déployant plus d'audace,
En éclipser les traits, en couvrir la surface;
Ailleurs elle se place au centre de ses feux;
Son disque est entouré d'un cercle lumineux;
Auréole de flamme, et fugitive guerre,
Où l'ombre et la clarté se disputent la terre.

GUDIN.

ODE A LA LUNE.

Aimable reine du silence,
O toi dont le disque argenté

Aux cieux mollement se balance
Et fixe son œil enchanté ;
Salut ! ton doux éclat m'inspire ;
Je veux célébrer ton empire
Et tes mystérieux trésors :
De la nuit paisible courrière,
Éclaire-moi de ta lumière ;
Elle est propice à mes accords.

Contemporaine de la terre,
Toi qu'enrichit le dieu du jour,
Tu naquis noble tributaire
Du monde où l'homme a son séjour.
Quand sur lui-même notre globe
Roule et par degré nous dérobe
Aux rayons du dieu de Délos,
Ta lueur vacillante et pure,
Illuminant la nuit obscure,
Nous vient retirer du chaos.

Le crépuscule règne encore,
Et déjà ton astre incertain
Commence une douteuse aurore,
Avant-courrière du matin.
De nouveau ton croissant timide
Émaille la prairie humide,

Des bois anime le rideau ;
Et pour admirer ton passage,
La méditation du sage
Des soins dépose le fardeau.

Oh ! quelle inexprimable ivresse,
Jeunes amants, vient vous saisir,
Quand ce fanal de la tendresse
Luit au rendez-vous du plaisir !
Voyageur égaré dans l'ombre,
Et que parfois la nuit trop sombre
Peut livrer aux coups du trépas,
Qu'il tarde à ton ame oppressée
Que Phœbé revienne, empressée,
Chasser l'ombre devant tes pas !

Phœbé ! que de fois sur les ondes
Te levant pour les détromper,
Tu sauvas les nefs vagabondes
Et qu'un écueil allait frapper !
C'est peu : ta présence rassure
Et guide un autre Palinure
Que l'erreur écartait du port ;
Marchant au milieu des étoiles
Ton disque, allumé sur ses voiles,
Des mers vient éclairer les bords.

Si des feux du jour émanée
Ta lumière n'est point à toi,
Si par notre globe entraînée
Tu roules soumise à sa loi,
Aux mers que ta force soulève
Tu commandes, et l'onde élève
Un mont liquide vers les cieux,
Lorsqu'un pouvoir secret l'arrête,
Et de sa fureur qui s'apprête
Retient l'élan séditieux.

Compagne aimable de la terre
Dans son voyage solennel,
O Phœbé, dont nulle atmosphère
Ne voile le cours éternel;
Si tes montagnes, tes vallées,
D'habitants se montrent peuplées,
Dis, sont-ils semblables à nous ?
Comment sur les sommets arides
Peuvent-ils, sans air ni fluides,
De la mort éviter les coups ?

Soupçonnent-ils notre existence ?
Ont-ils des sens moins imparfaits ?
Connaissent-ils l'indépendance,
Et les vertus, et les forfaits ?

Ont-ils enfin sur la surface
Une autre gloire qui s'efface ?
Comme nous, atomes souffrants,
Ont-ils des Newtons, des Voltaires,
Et recherchent-ils d'autres terres
Pour échapper à des tyrans ?

Mais pourquoi ces tristes pensées ?
A tes sujets, sans doute égaux,
Les faveurs du ciel dispensées,
Sans doute ont épargné les maux.
Astre de la mélancolie,
Puisse dans tes champs la folie
Jamais n'égarer les mortels,
Et qu'aux doux climats de la lune
La sagesse, et non la fortune,
Obtienne seule des autels !

ALBERT DE MONTEMONT.

Mercure.

Mercure étant la planète la plus voisine du soleil, sa description aurait dû précéder celle de la terre; mais l'importance que nous devons attacher à la connaissance de notre globe fait que nous nous en sommes occupés avant les autres planètes.

Mercure, la plus petite des planètes principales, n'a qu'un volume égal au dixième de celui de la terre. Sa distance moyenne du soleil est de 13,361 lieues. Sa température doit être très-supérieure à celle de l'eau bouillante. Sa révolution s'accomplit en 87 jours 23 heures 15', ce qui fait près de 40,000 lieues par heure. Presque toujours plongé dans les feux du soleil il est invisible à l'œil nu. Son orbite est incliné à l'écliptique de 7°; sa rotation s'exécute en 24 heures 5' 30".

MERCURE.

Mais que vois-je ? quelle est cette sphère brillante
Dont le rapide cours, l'activité brûlante,
L'entraîne autour du char de l'astre lumineux,
De qui seul elle tient son éclat et ses feux ?
Du roi de l'univers ce premier satellite
Près de son trône ardent a placé son orbite ;
Des rayons du soleil sans cesse environné,
Il voit son cours entier en trois mois terminé.
Du messager des dieux, de l'agile Mercure,
Je connais à ces traits la marche et la figure.
Son caducée ailé, signe de sa grandeur,
De son premier emploi nous désigne l'honneur.
Mais, fixé maintenant à la céleste voûte,
Vers les terrestres lieux il ne prend plus sa route ;
Sans cesse du soleil le flambeau radieux
Enveloppe son front, le dérobe à nos yeux ;
Cependant on saisit sa fugitive sphère,
Et, perçant à travers sa brillante atmosphère,
Aidé du télescope, un œil observateur
Le suit, et de son cours mesure la splendeur.

                                        RICARD.

Vénus.

Cette planète se meut entre Mercure et la terre ; son volume est presque celui de la terre, à un dixième près ; elle accomplit sa révolution en 7 mois et demi, ce qui fait près de 30,000 lieues par heure ; sa rotation s'exécute en 23 heures 23' ; elle est éloignée du soleil d'environ 25 millions de lieues, et son orbite a sur l'écliptique une inclinaison de 3° 24'.

Vénus est la plus brillante des planètes ; elle répand autant de lumière que vingt étoiles de première grandeur, et jette quelquefois assez d'éclat pour que les corps donnent une ombre sensible. On la voit le matin vers l'orient, et le soir vers l'occident. Cette double apparition fit prendre la planète de Vénus pour deux étoiles différentes. Le matin on l'appelait *Lucifer*, et le soir *Vesper* ou l'*étoile du berger*.

VÉNUS.

Les grâces de son front, sa douce majesté,
Annoncent de Vénus la céleste beauté.
Voisine du soleil, qui l'éclaire et l'enflamme,
Seule elle peut darder la scintillante flamme
Que ces astres semés dans l'espace des cieux,
Dans l'ombre de la nuit, font briller à nos yeux...
Tantôt, lorsque Phébus termine sa carrière,
Et que déjà du ciel il atteint la barrière,
On la voit sur ses pas briller au haut des airs,
Et des feux les plus purs éclairer l'univers.
En vain nous la tentons par un folâtre hommage;
Ce n'est plus de Paphos la déesse volage;
La céleste Vénus, fidèle à son devoir,
Précipite sa course, et trompe notre espoir.
Dans les beaux jours d'été l'étoile matinale
De l'Aube au teint vermeil se montre la rivale;
Les Heures sont encor dans les bras du sommeil,
Et n'ont pas attelé les coursiers du soleil,
Que Vénus, prévenant le lever de l'aurore,
Vient donner le signal au jour qui doit éclore;
Par l'éclat de ses feux le berger averti
Arrache au doux repos son corps appesanti.

RICARD.

Mars.

Mars, reconnaissable à sa lumière sombre et rougeâtre, qu'on attribue à une atmosphère épaisse et nébuleuse, n'a qu'un cinquième du volume de la terre, dont il est éloigné de 32,000,000 de lieues dans sa moyenne distance. Il est distant du soleil de 53 millions de lieues, et accomplit sa révolution autour de cet astre en 686 jours, près de deux ans, ce qui fait 19,000 lieues par heure. Son orbite est incliné sur l'écliptique d'environ 1° 50'. On y remarque des taches très-variées, et des bandes parallèles à son équateur. Sa marche est irrégulière et désordonnée..

MARS.

Son corps, que du soleil ralentit la distance,
Avec peine en deux ans parcourt son orbe immense.
Des astres de la nuit et des globes errants
Il n'a point la blancheur ou les feux éclatants.

Sa pâleur, que nuance une rougeur obscure,
Sans peine à tous les yeux distingue sa figure :
Empreinte sur son front cette sombre couleur,
Du dieu dont les guerriers admirent la valeur,
Nous peint la cruauté, la fureur homicide,
Et du sang des humains sa soif toujours avide.

RICARD.

Vesta, Junon, Cérès, Pallas.

Ces quatre petites planètes ont été découvertes récemment : Vesta le 19 mars 1807 ; Junon, le 4 septembre 1804 ; Cérès, le 1er janvier 1801 ; Pallas, le 28 mars de la même année. Elles sont éloignées du soleil, dans leur moyenne distance, savoir : la première, de 82,000,000 de lieues ; la deuxième, de 91,000,000 de lieues ; la troisième, de 95,000,532 lieues ; et la quatrième de 95,000,060 lieues.

DÉCOUVERTE DES QUATRE PETITES PLANÈTES.

Cérès vient d'adopter la planète inconnue
Que Piazzi, dans Palerme, offrit à notre vue :
Sa petitesse étonne. Olbers, en la cherchant,
Aperçoit dans un astre un léger mouvement ;
De ce monde nouveau Pallas est souveraine.
L'astronomie encore augmente son domaine :
Harding, en observant, près de Lillienthal,
Ces feux qu'entraîne ensemble un mouvement égal,
Découvre dans Junon une lumière errante ;
De Cérès, de Pallas, elle est peu différente.
Faibles, de peu d'éclat, voisines toutes trois,
N'auraient-elles formé qu'un seul globe autrefois ?
Sont-elles des débris ? Le choc d'une comète
Par un coup imprévu brisa-t-il leur planète ?
Eh, quoi ! la renommée annonce à l'univers
Encore un nouvel astre aperçu par Olbers !
C'est l'autel de Vesta : sa flamme révérée
Près de l'orbe de Mars aux mortels s'est montrée.
Rivaux dignes d'Herschell : Piazzi, Harding, Olbers,
Tous les trésors des cieux vous sont-ils découverts ?
Dieu créa-t-il pour vous ces nouvelles planètes ?
Ou vous révéla-t-il leurs antiques retraites ?

GUDIN.

13.

Jupiter.

Jupiter est la plus remarquable des planètes, non seulement par sa grosseur, mais encore par la blancheur et la vivacité de sa lumière, qui surpasse quelquefois celle de Vénus elle-même. Son volume est 1281 fois celui de la terre. Sa révolution autour du soleil, dont il est éloigné de 180 millions de lieues, s'exécute en près de douze ans. La chaleur et la lumière du soleil y sont 27 fois moindres que sur la terre.

L'inclinaison de son orbite sur l'écliptique est de 1° 18', et celle de son axe sur son orbite de 86° 47'. Il est très-aplati vers les pôles, accomplit son mouvement de rotation en 9 heures 56', et a des nuits à peu près égales à ses jours, dont le plus long est de 5 heures seulement. Chaque point de sa surface parcourt plus de 8,000 lieues par heure.

On remarque sur le globe de Jupiter plusieurs bandes obscures et parallèles entre elles. On y observe aussi des taches qui varient singulièrement d'étendue, de figure et de durée ; elles servent à déterminer son mouvement de rotation.

Quatre lunes ou satellites, de même nature que celle qui accompagne notre globe, circulent autour de Jupiter, et doivent offrir aux habitants de cette planète le plus agréable et le plus beau des spectacles. Galilée a découvert le premier ces satellites, qu'on ne peut apercevoir qu'à l'aide du télescope, et qui, par leurs fréquentes éclipses, ont donné le moyen de calculer la vitesse de la lumière.

Le premier de ces satellites fait sa révolution autour de la planète en 18 heures et demie, le second en 3 jours et demi, le troisième en 7, et le dernier en 16 et demi. Le plus distant de la planète en est à 376,000 lieues.

SATELLITES DE JUPITER.

Sitôt que, profitant des jours de l'ignorance,
Galilée eut enfin conquis pour la science
Ce tube merveilleux (1), fils brillant du hasard,
Dans les cieux inconnus alongeant son regard,
Il vit de Jupiter les lointains satellites,
Qui, tous quatre asservis à des marches prescrites,
Se couvraient tour à tour d'un voile bienfaiteur.
« Ils conduiront, dit-il, le fier navigateur.
« Gardes de Jupiter, voilez votre lumière,
« Et des nochers ainsi protégez la carrière.
« Pilote, au front des cieux lis la route des mers ! »
Il dit. Dès-lors, fendant ces orageux déserts,
Et Cook et La Peyrouse ont pu des mers de glace
Affronter sans péril l'éternelle menace ;
Et dès-lors en son cours le commerce agrandi,
De l'étoile du nord aux bornes du midi,
Épanchant les tributs de son urne féconde,
Courut en fleuve d'or dans les veines du monde.

                              M. DE CHÊNEDOLLÉ.

(1) La Lunette d'approche.

SA LUMIÈRE.

Sous cet aspect serein Jupiter se présente,
Et nous fait admirer sa blancheur éclatante,
Tandis que de son fils (1) la sinistre rougeur
Dans l'ame des mortels imprime la terreur.

RICARD.

(1) Mars.

Saturne.

Cette planète, neuf cents fois plus grosse que la terre, est à 330 millions de lieues du soleil, dont la chaleur et la lumière y sont quatre-vingt-dix fois plus faibles que sur notre globe. Elle emploie près de trente ans à sa révolution, et son mouvement de rotation s'effectue en dix heures et demie. Située à 327 millions de lieues de la terre, elle ne nous envoie, à cause de ce grand éloignement, qu'une lumière pâle, livide, et comme plombée.

Saturne a des bandes et des taches comme Jupiter; sept lunes ou satellites se meuvent presque circulairement autour de lui. Il est de plus environné, à une distance de 9000 lieues, par un anneau double, qui est un corps opaque, large, mince, et plat en apparence. Ces anneaux sont éclairés comme la planète même par les rayons du soleil. Celui de l'intérieur a 700 lieues d'épaisseur, et celui de l'extérieur 250.

« Quelle variété d'aspect, dit M. Bailly, dans son *Résumé d'Astronomie*, doivent présenter aux habitants de Saturne les positions diverses de ces anneaux, et la présence de ces grands arcs mouvants! On ignore complétement leur usage et leur état physique, mais les taches qu'on y a observées font soupçonner qu'ils sont de la même nature que la planète : dès-lors, s'ils sont habités, de quel beau spectacle doivent jouir les voyageurs de ces contrées, qui tantôt ont devant eux l'immense espace du firmament, tantôt voient se jouer autour d'eux les sept lunes qui circulent autour de Saturne et de son anneau, qui plus loin contemplent une planète énorme, placée pour eux à une distance huit fois moindre que la lune ne l'est de nous; enfin, qui bientôt se trouvent resserrés entre deux anneaux presque contigus où doit régner une obscurité éternelle! Que de telles merveilles donnent beau jeu à l'imagination de leurs poètes! »

L'orbite de Saturne est incliné de 2° 3o'
sur le plan de l'écliptique; son axe l'est
de 60° sur son orbite.

SATURNE.

J'oserai plus. Je veux par-delà tous les cieux,
Je veux encor pousser mon vol ambitieux,
Traverser les déserts où, pâle et taciturne,
Se roule pesamment l'astre du vieux Saturne.
Mais Saturne, exilé sur les confins des cieux,
M'appelle en ces déserts froids et silencieux,
Où loin de son berceau va mourir la lumière.
C'est là qu'il languirait dans sa lente carrière,
Si, la nuit, l'entourant d'un cortège enflammé,
Sept lunes n'éclairaient ce globe inanimé.
C'est peu : d'un double anneau l'écharpe lumineuse,
Rassemblant du soleil la lueur nébuleuse,
Unit, groupe ces feux et pâles et flottants,
Et les change bientôt en miroirs éclatants,
D'où Saturne reçoit et la flamme et la vie.

M. DE CHÊNEDOLLÉ.

ALLÉGORIE MYTHOLOGIQUE.

Surpassant les honneurs d'un fils ambitieux,
Saturne voit toujours de nombreux satellites,

Rangés autour de lui, parcourir leurs orbites.
Pour adoucir le sort de ce père outragé,
D'un plus rare bienfait les dieux l'ont partagé :
Son front est couronné d'un large diadème (1),
Symbole glorieux de la grandeur suprême.
Pour ce roi dégradé (2) que sont tous ces honneurs,
Du rang qu'il a perdu signes vains et trompeurs ?
Tout ce qu'ont fait les dieux pour relever sa gloire
Pourrait-il effacer l'odieuse mémoire
De cet affront cruel qu'un fils usurpateur
D'une main criminelle a fait à son honneur ?
Son éclat importun, ses gardes, sa couronne,
Tout lui rappelle, hélas! qu'il est chassé du trône,
Qu'il ne conserve plus qu'une ombre de grandeur,
Qu'un autre a le pouvoir qui seul flattait son cœur.
De le reprendre un jour il n'a plus l'espérance ;
Dans ses tristes pensers il suit son orbe immense :
Telle en est l'étendue, et tel l'éloignement,
Dans sa marche pénible il va si lentement,
Que du vaste contour que son orbite embrasse
En six lustres à peine il achève l'espace.

RICARD.

(1) L'anneau de Saturne.
(2) Saturne, roi du ciel, fut détrôné par Jupiter, son propre fils.

Uranus ou Herschell.

On avait regardé long-temps la planète de Saturne comme la dernière et la plus reculée du système planétaire ; mais il y a environ 45 ans, en 1781, Herschell en découvrit une nouvelle à une distance du soleil plus que double de celle de Jupiter. En effet, Uranus, que l'on appelle aussi Herschell, du nom de l'astronome qui l'a découverte, est à 662 millions de lieues de cet astre, dont la chaleur et la lumière lui parviennent quatre cents fois moindres qu'à nous. Il lui faut 84 ans pour opérer sa révolution. Son orbite n'est pas incliné sur l'écliptique ; on ignore le temps de sa rotation et l'inclinaison de son axe. Son volume est 80 fois plus considérable que celui de la terre. Herschell a découvert six satellites autour d'Uranus, mais ils n'ont encore été aperçus que par lui seul.

DÉCOUVERTE D'URANUS.

Mais la philosophie en sa veille assidue
De la création explore l'étendue ;
L'œil sublime, elle prend son vol audacieux,
Du système elle atteint la borne qui s'efface.
Quel est au loin, au loin ce globe merveilleux
Ce nouveau monde errant qui sillonne l'espace ?
C'est Uranus ; il suit son cours majestueux,
Réfléchit sa clarté du soleil émanée,
Et roule lentement sa languissante année.

ALBERT DE MONTEMONT.

LA GLOIRE D'HERSCHELL.

Mais quel monde nouveau soudain s'offre à ma vue ?
Herschell voit, reconnait l'étoile inattendue,
La suit, et, dans les cieux faisant un nouveau pas,
D'Uranie étonnée agrandit le compas,
Et franchit le premier cet espace nocturne,
Borne de notre monde et trône de Saturne.
Saturne rapproché ne finit plus le ciel.

Si le fameux Génois (1), dans son vol immortel,
Retrouvant cette terre au bout des mers cachée,

(1) Christophe Colomb qui découvrit l'Amérique.

Et des trois parts du globe autrefois détachée,
Conquit un monde entier pour des maîtres ingrats,
Le nom d'Herschell un jour ne lui cédera pas.
Du moins il a nommé sa planète nouvelle.
Astre que depuis peu l'art savant nous révèle,
Herschell! nouveau rival de Mars et de Vénus,
O toi! qui si long-temps des astres inconnus
Avais grossi la foule, innombrable, éloignée,
Au vaste Olympe enfin ta place est assignée :
Astre légitimé, je te vois dans les cieux
Inscrire un nom mortel sur la liste des dieux.

CHÈNEDOLLÉ.

FORME D'URANUS.

En vain pour se cacher à son œil vigilant,
Uranus resserra son disque étincelant ;
Il (1) marqua sa distance et son orbe elliptique,
L'inclina d'un degré sur la ligne écliptique,
Et, réglant pour jamais ses sinueux détours,
Au-delà de Saturne il dirigea son cours.

DESORGUES.

(1) Herschell.

Les Planètes habitées.

La question de savoir si les planètes sont habitées restera toujours indécise et insoluble dans le sens rigoureux; mais une foule d'analogies pourraient la confirmer de plus en plus, et toutes les lumières de notre raison tendent à la faire adopter. S'il n'en était pas ainsi, dit Milton, il faudrait supposer que le Créateur a jeté dans l'immensité une multitude de globes nus, déserts, inanimés, uniquement destinés à se renvoyer quelques faibles lueurs qui se perdent dans l'éloignement.

« L'homme, fait pour la température
« dont il jouit sur la terre, dit M. Delaplace,
« ne pourrait pas, selon toute apparence,
« vivre sur les autres planètes : mais ne doit-
« il pas y avoir une infinité d'organisations
« relatives aux diverses températures des
« globes de cet univers? Si la seule diffé-

« rence des éléments et des climats met
« tant de variété dans les productions ter-
« restres, combien plus doivent différer
« celles des diverses planètes et de leurs
« satellites ! »

LES HABITANTS DES PLANÈTES.

O grand Newton, qui pesas les planètes,
Et qui traças la marche des comètes,
Qui découvris par quels secrets ressorts
Les corps roulants attirent d'autres corps ;
Au ciel, monté sur l'aigle du génie,
Ton œil hardi pénétra l'harmonie,
Les lois, le cours de ces globes nombreux ;
J'aurais voulu que tu pusses m'apprendre,
A moi qu'agite un désir curieux,
Ce que jamais docteur n'a pu comprendre,
Si Jupiter, Mars, la belle Vénus,
Le froid Saturne et le bouillant Mercure,
Ont dans leur sein des peuples inconnus,
Faits comme nous, et de même nature.
De l'univers le maître souverain
Jamais, dit-on, ne créa rien en vain ;
Tout est utile, enchaîné, nécessaire ;
Mais de ces corps quels sont les habitants,

Leurs lois, leurs mœurs, leurs traits, leur caractère ?
Sont-ce des nains, ou sont-ce des géants ?
Ont-ils deux pieds, ou marchent-ils sur quatre ?
Leur culte est-il chrétien, turc, idolâtre ?
Comme Noé, vivent-ils cinq cents ans ?
Quelle est leur ame et leur intelligence ?
Ainsi que nous n'auraient-ils que cinq sens ?
En ont-ils douze et plus de jouissance ?
Si l'on en croit et maint et maint docteur,
Nous habitons des mondes le meilleur.
Leibnitz l'a dit, et tout savant le cite.
J'aime à le croire et bénis nos destins,
Loin d'imiter le bizarre Héraclite
Toujours pleurant et plaignant les humains.

DE LANTIER.

ALLOCUTION PHILOSOPHIQUE AUX HABITANTS DES PLANÈTES.

Ils ont eu des Leibnitz, des Pascal, des Buffons.
Tandis que je me perds dans ces rêves profonds,
Peut-être un habitant de Vénus, de Mercure,
De ce globe voisin qui blanchit l'ombre obscure,
Se livre à des transports aussi doux que les miens.
Ah ! si nous rapprochions nos hardis entretiens !
Cherche-t-il quelquefois ce globe de la terre,

Qui dans l'espace immense en un point se resserre?
A-t-il pu soupçonner qu'en ce séjour de pleurs
Rampe un être immortel qu'ont flétri les douleurs?
Habitants inconnus de ces sphères lointaines,
Sentez-vous nos besoins, nos plaisirs et nos peines?
Connaissez-vous nos arts? Dieu vous a-t-il donné
Des sens moins imparfaits, un destin moins borné?
Royaumes étoilés, célestes colonies,
Peut-être enfermez-vous ces esprits, ces génies,
Qui, par tous les degrés de l'échelle du ciel,
Montaient, suivant Platon, jusqu'au trône éternel.
Si pourtant loin de nous, de ce vaste empyrée,
Un autre genre humain peuple une autre contrée,
Hommes, n'imitez pas vos frères malheureux!
En apprenant leur sort vous gémiriez sur eux;
Vos larmes mouilleraient nos fastes lamentables.
Tous les siècles en deuil, l'un à l'autre semblables,
Courent sans s'arrêter, foulent de toutes parts
Les trônes, les autels, les empires épars,
Et, sans cesse frappés de plaintes importunes,
Passent en me contant leurs longues infortunes :
Vous, hommes, nos égaux, puissiez-vous être, hélas!
Plus sages, plus unis, plus heureux qu'ici-bas!

DE FONTANES.

Les Comètes.

Les comètes, dont la nature n'est pas encore bien déterminée, sont regardées assez généralement comme de véritables planètes, qui décrivent autour du soleil des ellipses très-ouvertes, et par conséquent d'une immense étendue. Leur vitesse extraordinaire lorsqu'elles approchent du périhélie (puisque celle observée par Newton en 1680 parcourait 293,000 lieues à l'heure) fait qu'elles ne sont visibles que très-peu de temps, au lieu qu'elles restent des siècles entiers, et même plusieurs siècles sans reparaître, en quelque sorte comme perdues dans l'espace.

Cette difficulté de les bien observer est une des causes qui ne permettent pas de calculer leur retour. De cent trente comètes parues jusqu'à ce jour, il n'en est

que deux dont les révolutions périodiques soient annoncées avec certitude.

On distingue deux parties dans les comètes : premièrement, le *noyau*, qui est, suivant les uns, un amas de matière subtile et diaphane, et suivant les autres un corps opaque ; secondement une atmosphère lumineuse qui précède, suit ou environne ce noyau, et qui, selon ces différents aspects, prend le nom de *barbe*, *queue*, ou *chevelure*. On suppose que ces traînées lumineuses sont produites par la chaleur du soleil qui, échauffant à un très-haut degré le noyau de la comète, en enlève des torrents de vapeurs. Newton a calculé qu'un globe de fer échauffé comme dut l'être la comète de 1680, qui approcha du soleil de 30 mille lieues, éprouverait une température deux mille fois supérieure à celle d'un fer rouge, et ne se refroidirait qu'après 52 mille ans.

On a supposé que les comètes s'approchaient du soleil, après de longs périodes, pour s'approvisionner en quelque sorte de calorique. Des astronomes ont prétendu, au contraire, que leur destination était de donner un nouvel aliment au roi des astres pour fournir à ses émanations. Il y a des doutes et peu de probabilités sur tout ce qui concerne ces astres vagabonds.

Autrefois l'apparition d'une comète remplissait les peuples de terreur, et devenait pour eux le présage des plus grands fléaux. Le progrès des lumières a dissipé beaucoup d'alarmes de cette nature. Cependant il se pourrait qu'une comète heurtât notre terre dans sa route; il en résulterait de terribles désastres. On a même attribué à un pareil choc le déluge universel. Mais il y a des raisons à l'infini pour nous rassurer pleinement contre des cas si extraordinaires.

LES COMÈTES.

Mais quel œil vous suivra, mondes désordonnés,
Astres aux longs cheveux, de flammes couronnés,
Fiers vassaux du soleil, vous dont le cours rebelle
Brave de votre roi la puissance éternelle?
Tantôt du dieu du jour vous affrontez les feux,

Tantôt loin des splendeurs de son front lumineux,
Vous allez, affranchis de sa vaste puissance,
Durant trois fois cent ans oublier sa présence ;
Mais, certain de ses lois, jusqu'aux confins des cieux,
Le soleil, étendant son bras victorieux,
Vous atteint, vous arrête aux limites des mondes,
Et borne à votre insu vos courses vagabondes.
Ainsi de ces grands corps il presse le retour,
De peur que, désertant et son trône et sa cour,
Ils n'aillent, engagés dans d'immenses voyages,
Près des autres soleils égarer leurs hommages.
Alors on voit briller ces globes passagers,
Des frayeurs du vulgaire éternels messagers.
Peuples! rassurez-vous : ces masses infécondes,
Dont vous avez tant craint le retour menaçant,
Ranimeront un jour le soleil vieillissant.

DE CHÊNEDOLLÉ.

MARCHE DES COMÈTES.

Comètes, que l'on craint à l'égal du tonnerre,
Cessez d'épouvanter les peuples de la terre :
Dans une ellipse immense achevez votre cours ;
Remontez, descendez près de l'astre des jours ;
Lancez vos feux, volez, et, revenant sans cesse,
Des mondes épuisés ranimez la vieillesse.

VOLTAIRE.

MÊME SUJET.

Ces comètes échevelées
Qui fendent l'air d'un vol brûlant,
Égarent leurs sphères ailées
Aux yeux d'un vulgaire tremblant :
Il craint que leur fatale route
N'embrase la céleste voûte,
Et ne détruise l'univers ;
Mais à l'œil perçant d'Uranie
Leur désordre est une harmonie
Qui repeuple les cieux déserts.

LEBRUN.

BOULEVERSEMENT CAUSÉ PAR LE CHOC D'UNE COMÈTE.

. . . . Là sur un clair sillon
Une ardente comète, esclave d'Hélion (1),
Vole, et plonge en ses feux toute sa chevelure.
Son corps entier s'embrase aux chaleurs qu'il endure.
Jadis, et du plus loin de l'empire des airs,
Aveuglément lancée aux cieux les plus déserts,
Elle avait cru sans maître, en des nuits sans limites,
Échapper au soleil, roi des vastes orbites :
Mais l'astre impérieux qui suspend son lien,

(1) Mot grec qui veut dire Soleil, et que le poète personnifie.

Au bout de sa carrière, enfin, lui dit : revien!
Elle, de par-delà les ellipses du monde,
L'entend, et de retour en ces voûtes profondes,
Du trône d'Hélion approche la splendeur,
Et, ne soutenant plus son éclat, son ardeur,
Bouillante de courroux, pâlie, échevelée,
Pour dix siècles encor reprend sa fuite ailée.
« Va, lui crie Hélion, va ; mais sans t'approcher
« De l'orbite où la terre aime en paix à marcher.
« Ton essor trop voisin, troublant sa masse errante,
« En soumettrait le poids à ta force attirante ;
« Et renversant son axe et le cercle des ans,
« Soulevant ses vapeurs, gonflant ses océans,
« Y renouvellerait les terribles merveilles
« Qu'autrefois produisit l'une de tes pareilles,
« Qui submergea son globe au flux des vastes eaux,
« Déluge écrit encore au sein des minéraux.
« Les fossiles marins attestent ses passages
« Sur les plus hauts des monts pétris de coquillages,
« Et l'homme y reconnait qu'aux flots jadis ouverts
« Tous les champs qu'il parcourt furent les lits des mers.
« Va donc, fends l'empyrée, et de loin menaçante,
« Traine ton atmosphère en queue étincelante ;
« Mais des lois de tes sœurs ne crois pas t'abstenir :
« Je te rappellerai dans mille ans à venir. »

LEMERCIER. (L'Atlantiade.)

Les Étoiles fixes.

On peut dire avec Louis Racine que Dieu a semé les étoiles dans le ciel comme la poussière dans nos champs. Si à l'œil nu on ne compte guère plus de cinq cents étoiles dans les différentes régions du firmament, avec un télescope leur nombre devient incalculable, et l'imagination renonce à comprendre l'étendue qui les enferme. Herschell trouva qu'en une heure il était passé dans le champ de son télescope cinquante mille étoiles, dont la plus petite était encore assez grande pour être vue distinctement.

Une large bande, d'une couleur blanchâtre, que l'on appelle *voie lactée*, n'est qu'un amas de petites étoiles dont la lumière confuse produit cette apparence. On remarque aussi différentes places ou taches séparées, qui présentent le même aspect

et sont de la même nature que la voie lactée : on les nomme *nébuleuses*.

Les étoiles qui semblent les plus proches
de nous en sont au moins cent mille fois
plus éloignées que le soleil. Qu'on juge
de leur volume, pour qu'elles soient encore visibles à une distance aussi prodigieuse. On a calculé que Sirius (1) doit
avoir un million de fois le volume du
soleil.

Il y a des étoiles dont la lumière emploie trente ans à nous parvenir , et
que par conséquent nous pourrions voir
encore trente ans après qu'elles auraient
cessé d'exister (2). Si le bruit d'une explosion arrivée dans une étoile pouvait
être entendu sur la terre, le son qu'il
produirait parcourrait l'intervalle de cette
étoile à notre planète pendant quinze années avant de frapper nos oreilles.

Les planètes décrivent des routes ellip-
tiques dans le firmament et empruntent

(1) Étoile très brillante.
(2) Plusieurs étoiles observées jadis ont totalement disparu.

leur lumière du soleil. Les étoiles qu'on nomme *fixes* ne changent jamais de place, et ont une lumière propre, c'est-à-dire qui émane d'elles-mêmes. La lumière des planètes est paisible comme celle de la lune, celle des étoiles fixes est continuellement agitée ; ce mouvement, causé par le déplacement ou par les ondulations des couches atmosphériques, s'appelle *scintillation*. Tout porte à croire que les étoiles fixes sont autant de soleils, environnés comme le nôtre de systèmes planétaires. Quel est donc l'immensité des cieux ? qui pourrait assigner le point qui sert de centre à l'univers, et autour duquel les soleils, avec les mondes qu'ils éclairent, viendraient tourner comme de simples satellites ?

LES ÉTOILES.

Il est pour la pensée une heure...., une heure sainte,
Alors que, s'enfuyant de la céleste enceinte,
De l'absence du jour, pour consoler les cieux,
Le crépuscule aux monts prolonge ses adieux.

On voit à l'horizon sa lueur incertaine,
Comme les bords flottants d'une robe qui traîne,
Balayer lentement le firmament obscur
Où les astres ternis revivent dans l'azur.
Alors ces globes d'or, ces îles de lumière,
Que cherche par instinct la rêveuse paupière,
Jaillissent par milliers de l'onde qui s'enfuit
Comme une poudre d'or sous les pas de la nuit ;
Et le souffle du soir, qui vole sur sa trace,
Les sème en tourbillons dans le brillant espace.
L'œil ébloui les cherche et les perd à la fois ;
Les uns semblent planer sur les cimes des bois,
Tel qu'un céleste oiseau dont les rapides ailes
Font jaillir en s'ouvrant des gerbes d'étincelles.
D'autres en flots brillants s'étendent dans les airs
Comme un rocher blanchi de l'écume des mers ;
Ceux-là, comme un coursier volant dans la carrière,
Déroulent à longs plis leur flottante crinière ;
Ceux-ci, sur l'horizon se penchant à demi,
Semblent des yeux ouverts sur le monde endormi,
Tandis qu'au bord du ciel de légères étoiles
Voguent dans cet azur comme de blanches voiles
Qui, revenant au port d'un rivage lointain,
Brillent sur l'Océan aux rayons du matin.
De ces astres brillants, son plus sublime ouvrage,
Dieu seul connaît le nombre, et la distance et l'âge ;

Les uns, déjà vieillis, pâlissent à nos yeux ;
D'autres se sont perdus dans la route des cieux ;
D'autres, comme des fleurs que son souffle caresse,
Lèvent un front riant de grâce et de jeunesse,
Et, charmant l'orient de leurs fraîches clartés,
Étonnent tout à coup l'œil qui les a comptés.
Dans l'espace aussitôt, ils s'élancent.... et l'homme
Ainsi qu'un nouveau né les salue et les nomme.

LAMARTINE.

LEUR NOMBRE INCALCULABLE.

Les cieux, qui chaque jour manifestent leur gloire,
Demanderont bientôt une nouvelle histoire.
Ils s'accroissent sans fin. L'audacieux Herschell
Parcourt sans se lasser l'immensité du ciel.
Déjà même, à sa voix, les prêtres d'Uranie,
S'éveillent dans Palerme et dans la Germanie :
Ils ont vu devant eux tant d'astres se presser,
Que tout l'effort humain ne peut les embrasser.
Oui, quand je m'armerais des ailes de l'Aurore,
Pour peindre ces soleils dont le ciel se décore ;
Quand, de l'immensité sondant les profondeurs,
Ma pensée unirait les nombres aux grandeurs ;
Dans ces gouffres sacrés égarant mon audace,
Quand j'userais le temps à mesurer l'espace,

Je verrais s'écouler les siècles réunis,
Et, pressé sans espoir entre deux infinis,
Je me serais toujours écarté de moi-même,
Sans jamais approcher de ce vaste problème.

DE CHÊNEDOLLÉ.

LA VOIE LACTÉE.

Une voie en tous temps par les dieux fréquentée,
Blanchit l'azur des cieux ; on la nomme lactée :
Elle sert d'avenue à l'auguste séjour
Où Jupiter réside au milieu de sa cour.

DE SAINT-ANGE.

Dans l'astre des Gémeaux une faible blancheur
Montre à l'œil attentif un sillon de lueur.
Quelle est donc cette voie, au rapport de ma vue,
A qui le verre donne encor plus d'étendue ?
C'est un amas de feux fixes au firmament.
De notre globe au leur tel est l'éloignement,
Que l'esprit se confond en sondant leur distance.

DULARD. (*Merveilles de la nature.*)

Mais qui m'expliquera ce cercle lumineux,
Ce chemin dont la trace attire tous les yeux,
Qui du lait égalant la blancheur éclatante,
En a reçu le nom ? Une masse brillante

D'astres semés au loin dans l'espace des airs
Forme, dit-on, ce cercle et ses détours divers.

RICARD.

L'IMMENSITÉ DES CIEUX.

Oh ! comme en voyageant dans le vaste empyrée
L'imagination parle à l'ame inspirée !
Les soleils aux soleils succèdent à nos yeux ;
Les cieux évanouis se perdent dans les cieux ;
De la création je crois toucher la cime,
Et soudain à mes pieds se montre un autre abime.
O prodige ! le monde allait s'agrandissant ;
Le monde tout à coup s'abaisse en décroissant ;
De degrés en degrés s'étend la chaîne immense ;
L'infini s'arrêtait, l'infini recommence.
J'atteins par la pensée, ou le verre, ou mes yeux,
Tout ce qui remplit l'air, ou la terre, ou les cieux ;
Ne voyant plus de terme où l'univers s'arrête,
Des mondes sous mes pieds, des mondes sur ma tête,
Je ne vois qu'un grand cercle où se perd mon regard,
Dont le centre est partout, et les bords nulle part ;
Planètes, terres, mers, en merveilles fécondes,
Et par-delà ces mers, ces planètes, ces mondes,
Dieu, le Dieu créateur, qui pour temple a le ciel,
Les astres pour cortège, et pour nom l'Éternel.

DELILLE. (L'Imagination.)

LE CENTRE DU MONDE.

Il est un dernier centre, éloigné de la sphère,
Sur qui tournent captifs nos cieux et notre terre;
Non celui du soleil, fixe à nos yeux bornés,
Et qu'en un autre éther, lieux indéterminés,
Attirent en secret tant d'étoiles pressées,
Autres soleils roulant par-delà nos pensées :
Mais un vrai centre unique où tendent tous les corps,
Point où s'évanouit le jeu de leurs ressorts,
Obscur milieu du monde, et terme des distances,
Où vont des pesanteurs aboutir les puissances.

LEMERCIER. (L'Atlantiade.)

Le Zodiaque.

Afin de pouvoir reconnaître les étoiles, on les a divisées en groupes ou constellations, en réunissant sous un nom commun toutes celles qui ont des positions plus rapprochées entre elles et paraissent former un ensemble.

On a distingué ensuite trois régions célestes : l'une qui renferme les constellations boréales ou de l'hémisphère septentrional ; la seconde, les *constellations australes* ou de l'hémisphère méridional ; et la troisième, les *constellations zodiacales*.

Ces dernières sont au nombre de douze, et constituent le *zodiaque* : le zodiaque est une suite de constellations au milieu desquelles se trace l'écliptique ou la route de la terre autour du soleil. Aucune des sept planètes anciennes ne franchissait dans son orbite les limites de ces constellations. Le zodiaque formait ainsi un cercle dont l'enceinte voyait s'accomplir toutes les révolutions du système planétaire. Parmi les quatre petites planètes découvertes récemment, on a trouvé que l'ellipse de Cérès dépassait les bornes du zodiaque.

Les douze signes ou constellations du zodiaque correspondent aux douze mois de l'année. La terre (1) parcourt successivement chacun d'eux en trente jours. Elle commence par le Bélier, le Taureau et les Gémeaux, les trois signes du printemps, qui correspondent aux mois de mars, avril, mai. Elle passe ensuite dans le Cancer, le Lion, la Vierge, les trois signes de l'été, juin, juillet, août; puis dans la Balance, le Scorpion, le Sagittaire, les trois signes de l'automne, septembre, octobre, novembre; enfin dans le Capricorne, le Verseau, les Poissons, les trois signes de l'hiver, décembre, janvier, février. Cette correspondance entre les signes et les mois était exacte lors des premières observa-

(1) Autrefois on prétendait que c'était le soleil.

tions, il y a plus de deux mille ans. Mais on a observé que l'axe de la terre correspond chaque année, à la même époque, à une étoile différente, de manière que lorsqu'elle se trouve avoir parcouru l'écliptique et être revenue à l'équinoxe du printemps, par exemple, elle a encore un peu de chemin à faire pour arriver sous la même étoile que son axe regardait au moment de l'équinoxe de l'année précédente. Ainsi l'équinoxe a lieu avant que la terre n'arrive à cette étoile. Ce phénomène s'appelle la *précession des équinoxes.*

Ainsi la première année, la terre, lors de l'équinoxe du printemps, se trouve en arrière d'une étoile, l'année suivante elle est en arrière de deux, puis de trois, de quatre, etc.; dans l'espace de 2,156 ans elle se trouve en arrière d'un signe entier; dans un temps double elle est en arrière de deux signes, et ainsi de suite; enfin dans l'espace de 26,000 ans elle se retire de signe en signe, jusqu'à l'extrémité du dernier, qui est celui des Poissons, et alors elle se trouve exactement dans la même position où elle était 26,000 ans auparavant; les signes et les mois se correspondent parfaitement. La même révolution rétrograde recommence aussi pour s'achever dans le même espace de temps. La terre est présentement en arrière de deux signes, et le signe du Bélier, qu'on place néanmoins au mois de mars, correspond réellement au mois de mai.

Le nom de *zodiaque* vient d'un mot grec qui signifie *animal*, parce que les anciens avaient donné aux constellations la figure de différents animaux. Il est très-probable que ces figures étaient relatives aux saisons de l'année ou aux mois de la marche solaire.

LE ZODIAQUE (1).

La culture aux humains montre l'astronomie.
L'astre brillant du jour gouverne les saisons;

(1) Voici de mauvais vers techniques sur le zodiaque, extraits des *Usages de la Sphère et des Globes*, mais qui peuvent servir à graver dans la mémoire les noms des douze signes :
Bélier, Taureau, Gémeaux, Écrevisse, Lion,
Vierge, voilà les six pour le septentrion :

Tour à tour il régna dans ses douze maisons ;
De son cours annuel ils tracèrent les lignes.
Le chef de leurs brebis fut chef des douze signes.
Le Taureau sur ses pas, après lui les Gémeaux,
Leur marquèrent l'époque où naissent les troupeaux ;
Aux tropiques brûlants, la Chèvre et l'Écrevisse,
De l'hiver, de l'été, fixèrent le solstice :
La Balance à la nuit rendit le jour égal ;
La Vierge des moissons ramena le signal ;
Le ciel devint un livre où la terre étonnée
Lut en lettres de feu l'histoire de l'année.

Le Bélier.

(Mars.)

Le Bélier indique que vers le temps où
le soleil entre dans l'équinoxe, les agneaux
commencent à suivre leurs mères.

Suivant la fable, Phryxus, fils d'Atha-
mas, roi de Thèbes et de Niphétès, pour

Nous en comptons aussi six pour l'autre hémisphère :
Balance, Scorpion, Archer ou Sagittaire,
    Capricorne, Verseau, Poissons,
Étant pris trois par trois nous marquent les saisons.

échapper à la haine de sa belle-mère Ino,
prit la fuite et passa d'Europe en Asie sur
un bélier à toison d'or. Abordé à Colchos,
il offrit son bélier en sacrifice à Jupiter,
qui le plaça parmi les astres.

LE BÉLIER.

Là parait ce Bélier dont la riche toison
Fut le prix des exploits du célèbre Jason :
Ce Bélier qui des flots d'une mer écumante
Soutint sans s'effrayer la fureur menaçante,
Chargé d'un doux fardeau qu'il dérobait aux coups
D'un père trop crédule, injustement jaloux.
Phryxus, à la faveur de sa fuite rapide,
Arrive sans péril aux bords de la Colchide ;
Et cet heureux Bélier, dans le ciel transporté,
Reçoit enfin le prix de sa fidélité.
Des signes le premier, dans ce poste immuable,
De tant d'astres divers précurseur honorable,
Il dirige leur marche, et de son front brillant
Frappant avec fierté les portes d'orient,
Il les ouvre, et Phébus écartant la barrière,
Sous un auspice heureux commence sa carrière.
La terre, ranimée à ses feux bienfaisants,
Jouit sous le Bélier des douceurs du printemps.

RICARD.

INFLUENCE DU BÉLIER.

De cet hymen fécond, dieux, quels biens vont éclore !
Déjà d'un feu plus vif l'Olympe se colore.
Le Bélier, du printemps ministre radieux,
Paraît, et, s'avançant vers le plus haut des cieux,
De la terre amoureuse annonce l'hyménée,
Et vainqueur de la nuit recommence l'année.
A peine dans les airs dévoile-t-il son front,
Que soudain, tressaillant dans son antre profond,
L'immortel Océan gronde, écume de joie,
S'élève, et sur la plage à grands flots se déploie.
Sa vague mugissante appelle à d'autres bords
Ces vaisseaux que l'hiver enchaînait dans nos ports.
Les voilà donc ces jours si riants, si prospères,
Ces jours qui tarissaient les larmes de nos pères !
Tous les ans, quand l'hiver dans son obscurité
Engloutissait leur dieu, le dieu de la clarté,
Un long deuil sur les murs des sacrés édifices
S'étendait ; et l'autel, privé de sacrifices,
Sans brasier, sans parfum, sans lampe, sans flambeau,
Figurait le soleil éteint dans le tombeau.
Durant trois jours entiers consacrés aux ténèbres,
Aux lamentations, aux pleurs, aux chants funèbres,
Ils craignaient que leur dieu, brisé par un géant,

N'entraînât avec lui l'univers au néant.
Mais sitôt que, vainqueur de cette nuit funeste,
Il rallumait ses feux sous le Bélier céleste,
Les brasiers, les flambeaux, éteints sur les autels,
Brillaient, renouvelés aux regards des mortels;
Des nuages d'encens emplissaient les portiques,
Et le prêtre et le peuple, en de joyeux cantiques,
S'écriaient : « Notre dieu renaît à la clarté :
« Célébrons son triomphe : il est ressuscité. »

ROUCHER.

Le Taureau.

(Avril.)

———————

Le Taureau a sans doute été placé, par les Égyptiens et les Babyloniens, dans cette partie du zodiaque que le soleil semble parcourir (1) vers le temps où les vaches mettent bas leurs veaux. On a cru cependant y reconnaître le temps où commençaient les travaux du labourage.

Les fables des Grecs nous apprennent

———————

(1) C'est la terre qui la parcourt en effet.

que ce Taureau était celui qui transporta
Europe vers l'île de Crète, à travers les
mers, et que Jupiter, pour récompenser ce
service signalé, plaça l'animal, dont il avait
lui-même pris la forme, parmi les étoiles.

LE TAUREAU.

Mais le soleil, dans sa course brillante,
S'éloigne enfin du Bélier radieux
Et le Taureau s'embrase de ses feux :
L'air, plein d'une ame active et pénétrante,
N'est plus chargé de brouillards nébuleux,
Et vers le ciel dont la voûte s'argente,
Une vapeur humide et transparente
S'élève et roule en flocons lumineux.
Quel changement! la terre se délie :
Zéphyr lui rend la chaleur et la vie.
Dès qu'au matin l'agriculteur joyeux
Commence à voir la campagne embellie,
Il fait sortir le soc laborieux,
Long-temps captif sous la glace ennemie :
Impatient, il attèle ses bœufs,
De l'aiguillon presse leur marche égale,
Et rompt la glèbe à la voix matinale
Du chantre ailé qui plane dans les cieux.

LÉONARD.

Les Gémeaux.

(Mai.)

Le troisième signe (les Gémeaux) était autrefois représenté par deux chevreaux : il indiquait la saison où les chèvres mettent bas leurs petits, qui sont toujours au nombre de deux.

Ce signe était chez les poètes celui de Castor et de Pollux, frères jumeaux, fils de Léda. Pollux, qui tenait l'immortalité de son père Jupiter, voulut la partager avec son frère. Tous deux furent mis au rang des dieux et regardés comme des astres favorables à la navigation.

LES GÉMEAUX.

Modèle généreux d'une amitié parfaite,
Ensemble les Gémeaux brillent sur notre tête;
La terre à leur aspect se couronne de fleurs,
Et parfume les airs de ses douces odeurs.
Ces fils de Jupiter, si fameux dans la fable,

N'étaient pas nés tous deux pour un destin semblable :
Pollux, mis par son père au rang des immortels,
Devait en son honneur voir dresser des autels ;
Pour prix de ses exploits, Castor dans l'Élysée
Aurait joui des fruits de sa gloire passée.
« Que m'importe l'honneur de l'immortalité
« Si par la mort d'un frère il doit être acheté?
« Reprenez vos bienfaits, dit Pollux à son père,
« Ou qu'ils me soient toujours communs avec mon frère.
« Je ne peux à ce prix m'affranchir de la mort ;
« Il me sera plus doux de partager son sort. »
Jupiter y consent, et l'amitié sensible
Désarme du destin la rigueur inflexible.
A la voûte céleste attachés tous les deux,
Ils aiment à mêler, à confondre leurs feux :
Ces feux qui, paraissant au milieu de l'orage,
Sont pour les matelots le plus heureux présage,
Chassent au loin les vents, applanissent les flots,
Et des tristes écueils écartent les vaisseaux.

RICARD.

LEUR INFLUENCE.

Jaloux de présider au plus riant des mois,
Les Gémeaux dans les airs ont déjà pris leur route ;
Ils poursuivent la Nuit sous la céleste voûte ;

Et, partis sur deux chars de lumière éclatants,
De l'empire du jour prolongent les instants.
Mais la terre en reçoit un don plus cher encore;
Quand de leurs feux amis l'Olympe se décore,
L'homme, que la douleur traînait vers le tombeau,
Voit de ses jours mourants ranimer le flambeau :
Son sang se renouvelle, et son ame ravie
Bénit le mois des fleurs, qui le rend à la vie.

ROUCHER.

L'Écrevisse

ou

LE CANCER.

(Juin.)

Le Cancer (1) est représenté par une
écrevisse; le soleil (2), en arrivant dans
ce signe, semble avoir donné lieu à cette
représentation par sa marche rétrograde
vers l'équateur : on pourrait également

(1) *Astronomie en vingt-deux leçons.*
(2) Toujours d'après l'ancien système : c'est au contraire l'équateur qui monte alors vers le soleil.

croire que la disposition particulière des petites étoiles de la constellation correspondante a fait imaginer cette figure. Les Grecs prétendent que lorsque Hercule combattait l'hydre de Lerne, une écrevisse, qui rampait à terre, mordit le pied de ce héros; elle fut cependant écrasée sous le talon de ce demi-dieu; mais Junon, l'ennemie d'Hercule, en reconnaissance de ce service, plaça l'écrevisse dans le ciel.

L'ÉCREVISSE OU LE CANCER.

La timide Écrevisse, à la serre traînante,
Annonce le retour de la saison brûlante.
Son aspect, qui pour nous borne les plus longs jours,
Fait du char du soleil rétrograder le cours.
Il quitte lentement les régions de l'Ourse;
Bientôt vers le midi précipitant sa course,
A des peuples long-temps éloignés de ses feux
Il montre tout l'éclat de son front lumineux.
Dans le coupable accès de sa jalouse haine,
Junon avait juré la mort du fils d'Alcmène.
Pendant que ce héros, ce digne sang des dieux,

Combattait à Némée un lion furieux,
De la reine du ciel secondant la vengeance,
L'Écrevisse à pas lents près d'Hercule s'avance,
Le saisit au talon, et croit par la douleur
Suspendre son courage, affaiblir son grand cœur.
Cependant le héros, certain de la victoire,
Par un dernier effort vient d'assurer sa gloire :
Le lion expirant est tombé sous ses coups ;
Mais il ne voudra pas dans son noble courroux
Que le sang trop abject d'un insecte timide
Souille le bras vainqueur et les armes d'Alcide.
Il pose sa massue, il détourne les yeux,
Écrase de son pied l'animal odieux.
Junon, dont le héros a trompé la vengeance,
Veut rabaisser au moins un succès qui l'offense,
Veut que l'insecte même à la mort arraché,
Astérisme nouveau, soit aux cieux attaché;
Que là, vers le midi reprenant sa carrière,
Phébus n'ose jamais franchir cette barrière.

RICARD.

MARCHE DU SOLEIL SOUS LE SIGNE DU CANCER.

Je veux voir le soleil de sa couche sortir,
De sa brillante armure le héros se vêtir,
Et traînant les Gémeaux à son char de victoire,

Monter sur le Cancer au faîte de sa gloire.
Un dieu m'exauce, un dieu m'emporte vers Enna :
Je vole, je parviens au sommet de l'Etna.
La Nuit en ce moment dans les plis de ses voiles
Se cache, et, sous ses pas entraînant les étoiles,
Elle fuit devant l'aube au visage d'argent
Que ramène en ce mois un char plus diligent.

ROUCHER.

Le Lion.

(Juillet.)

Le Lion est le cinquième signe du zodiaque. Les fables grecques disent que c'était le lion de Némée, qui tomba de la lune; mais ayant été tué par Hercule, il fut placé au ciel par Jupiter, en commémoration de ce terrible combat, et en l'honneur du héros. Il est probable que les Égyptiens n'entendaient rien autre chose que la grande chaleur produite lors du passage du soleil dans ce signe; comme, vers le solstice d'été, les lions sont très-nombreux et très-

17

dangereux en Éthiopie (1), cette circons-
tance donne la raison pour laquelle les
Égyptiens placèrent ce signe dans une
partie de leur zodiaque.

LE LION.

Il conserve toujours son humeur sanguinaire ;
Son œil contagieux embrassant l'hémisphère
Porte de toutes parts des fléaux destructeurs,
Et les tristes mortels, jouets de ses fureurs,
Languissants, consumés d'une soif dévorante,
Ne peuvent résister à sa chaleur brûlante.
Combien de fois l'on vit ce terrible Lion,
Unissant sa vengeance à celle de Junon,
Et soufflant dans les airs une ardeur homicide,
Vouloir lasser le bras et la valeur d'Alcide !
Il n'en poursuit pas moins ses glorieux travaux ;
Que peuvent ses efforts sur l'ame d'un héros ?
Pour lui chaque combat devient une victoire ;
Ainsi ses ennemis conspirent pour sa gloire :
Mais quand du fier Lion l'impuissante fureur
S'agite vainement pour braver son vainqueur,
Nous lui devons du moins les moissons abondantes,
Qu'achèvent de mûrir ses chaleurs bienfaisantes.

RICARD.

(1) Contrée voisine de l'Égypte.

SA MARCHE ET SON INFLUENCE.

Demi-cercle de l'an, te voilà parcouru :
Le Lion enflammé dans les cieux a paru,
De lui-même il s'attèle à son char de lumière,
Il secoue en marchant les feux de sa crinière,
Et, du chien de Procris brûlant avant-coureur,
De l'été qui s'embrase annonce la fureur;
Le volage zéphyr n'agite plus qu'à peine
La pointe des épis mûrissant dans la plaine.
O terre! ô riche aspect des fertiles guérets!
O trésors attachés à ces blondes forêts!
Les voilà des humains ces moissons attendues,
Ces biens qu'ont préparés tant de mains assidues,
Que le peuple inquiet allait voir et revoir,
Le domaine du riche, et des autres l'espoir :
Combien de plus d'un astre on craignit l'influence,
Le souffle de Borée aux jours de la semence,
Tantôt des eaux du ciel les refus prolongés,
Et tantôt leurs torrents dans nos champs submergés !
La terre sur les fruits vient d'épuiser sa sève;
Cieux, suspendez la pluie avant qu'on les enlève :
La cigale voltige et semble du buisson
Crier au laboureur : Commence la moisson.
Le soleil en effet, par son ardeur extrême,
Consumerait les fruits qu'il a mûris lui-même.

                                    LEMIERRE.

La Vierge.

(Août.)

La Vierge est représentée comme une fille moitié nue, tenant un épi de blé, ce qui marque évidemment la saison des récoltes parmi les peuples qui inventèrent ce signe. Les Grecs nous racontent que cette vierge était autrefois fille d'Astrée et d'Ancora : elle vivait dans l'âge d'or, et enseignait aux hommes leurs devoirs; mais leurs crimes augmentant toujours, elle fut obligée de les abandonner, et alla prendre sa place dans les cieux.

LA VIERGE.

L'immortelle Rhéa dont la douce puissance
De cet âge enchanté nourrissait l'innocence,
Mais qui, chassée enfin par nos lâches forfaits,
Loin de nous avec elle emporta ses bienfaits,
Rhéa, du haut des cieux qu'embellit sa présence,

Jette sur les hameaux un œil de complaisance,
Sourit à la concorde, et, montrant aux humains
L'épi mystérieux qui brille dans ses mains,
Annonce que les airs, sur leur voûte enflammée,
N'entendront plus rugir le lion de Némée,
Que dans ses premiers fers son vainqueur l'a remis,
Et qu'un nouveau printemps à la terre est promis.

ROUCHER.

RÉCIT MYTHOLOGIQUE.

Déjà du vif éclat de son front virginal,
La timide Érigone a donné le signal :
Déjà des moissonneurs les nombreuses familles
Entassent les trésors qu'ont coupés leurs faucilles ;
Ils reviennent courbés sous l'or de leurs épis,
Et livrent au sommeil leurs membres affaiblis.
Dans les jours fortunés de l'empire de Rhée,
Au milieu des humains la bienfaisante Astrée
Avait placé son trône et dressé ses autels.
Là, toujours respectés, ses décrets éternels
Maintiennent sans efforts la sûreté commune,
Éloignent la discorde et la guerre importune,
Aux règles de la loi soumettent les désirs,
Et charment les travaux par d'innocents plaisirs.
Bientôt de l'intérêt le coupable artifice

Partout dans l'univers fait régner l'injustice,
Et d'un masque trompeur couvrant ses noirs desseins,
Se glisse sourdement dans le cœur des humains,
Sous de riants dehors sait déguiser ses crimes,
Et pour les immoler caresse ses victimes.
Tel un serpent, nourri de poisons corrupteurs,
Dépose son venin sur les plus belles fleurs.
En vain pour conserver sa première influence,
A ces crimes Astrée oppose sa puissance;
Les cœurs sourds désormais à sa céleste voix
Bravent insolemment la justice et les lois,
Et du ciel en courroux appelant le tonnerre,
Les vices, les forfaits répandus sur la terre,
Ont forcé cette vierge à déserter des lieux
Où tout blesse son cœur, tout afflige ses yeux.
Témoin de sa douleur, touché de sa disgrâce,
Jupiter dans les cieux avait marqué sa place;
Elle va l'occuper près des astres brillants
Qui sur nous de l'été dardent les feux brûlants.

RICARD.

INFLUENCE DU SIGNE DE LA VIERGE.

Quels parfums remplissent les airs?
Où porter mes regards avides ?
Des tapis plus frais et plus verts

Renaissent dans nos champs arides :
La nature efface ses rides ;
Tous ses trésors nous sont ouverts,
Et le jardin des Hespérides
Est l'image de l'univers.
C'en est fait ; la Vierge céleste,
En découvrant son front vermeil,
Adoucit d'un regard modeste
L'ardeur brûlante du soleil.
Redoutable fils de Latone,
Tu cesses de blesser nos yeux ;
Vertumne ramène Pomone,
Et mille fruits délicieux
Brillent sur le sein de l'automne.

Le C. DE BERNIS.

La Balance.

(Septembre.)

Le nom de Balance a été donné au signe du mois de septembre parce que lorsque le soleil arrive à ce point, vers l'équinoxe d'automne, les nuits sont égales aux jours.

Suivant la fable, cette balance est celle de Thémis, que Jupiter plaça au nombre des douze signes du zodiaque.

LA BALANCE.

C'est toi que j'en atteste, automne, riche automne,
Que de fois, ombragé des pampres d'une tonne,
J'ai fixé, de mes yeux doucement attendris,
Les champs où s'égarait la timide perdrix !
Lorsque Vesper les dore, ou l'aube les argente,
Que j'aime à voir les airs et leur scène changeante !
La Balance, au milieu du céleste séjour,
Suspend également et la nuit et le jour.

ROUCHER.

SON INFLUENCE.

Un signe pacifique est levé sur ma tête;
En équilibre aux cieux la Balance s'arrête.
Depuis qu'elle y parait, et les nuits et les jours
Par espaces égaux se partagent leur cours;
Le soleil plus oblique, en éclairant la terre,
Pompe moins la vapeur d'où sortait le tonnerre,
Et cessant de plonger comme au temps des chaleurs,
Des champêtres aspects n'éteint plus les couleurs;

Flore cède la terre et l'empire à Pomone,
L'homme va recueillir les présents de l'automne.
Les présents!.... Ah! ses soins, ses efforts répétés,
Sur ces riches coteaux les ont bien achetés.
Respire, agriculteur, les vendanges sont prêtes,
Et les derniers travaux seront du moins des fêtes.

LEMIERRE.

TABLEAU.

Le soleil, dont la violence
Nous a fait languir si long-temps,
Arme de feux moins éclatants
Les rayons que son char nous lance,
Et, plus paisible dans son cours,
Laisse la céleste Balance
Arbitre des nuits et des jours.

L'Aurore, désormais stérile
Pour la divinité des fleurs,
De l'heureux tribut de ses pleurs
Enrichit un dieu plus utile;
Et sur tous les coteaux voisins
On voit briller l'ambre fertile
Dont elle dore nos raisins.

C'est dans cette saison si belle

Que Bacchus prépare à nos yeux
De son triomphe glorieux
La pompe la plus solennelle ;
Il vient de ses divines mains
Sceller l'alliance éternelle
Qu'il a faite avec les humains.

Autour de son char diaphane,
Les Ris, voltigeant dans les airs,
Des Soins qui troublent l'univers
Écartent la foule profane :
Tel, sur des bords inhabités,
Il vient de la triste Ariane
Calmer les esprits agités.

Les satìres, tout hors d'haleine,
Conduisent les nymphes des bois,
Au son du fifre et du hautbois
Dansent par troupes dans la plaine,
Tandis que les sylvains lassés
Portent l'immobile Silène
Sur leurs thyrses entrelacés.

J.-B. ROUSSEAU.

Le Scorpion.

(Octobre.)

Les Égyptiens placèrent probablement cet insecte venimeux dans cette partie du ciel pour marquer que lorsque le soleil y arrive, il hâte le développement de beaucoup de maladies : ce fléau ne pouvait en effet être mieux représenté que par un animal dont la piqûre en occasione plusieurs.

Orion osa défier Diane à qui prendrait le plus de bêtes sauvages; d'autres prétendent que, dans un aveugle amour, il osa porter sur la déesse une main criminelle. Pour se venger Diane fit sortir de terre un scorpion qui le mordit et causa sa mort. Elle plaça cet animal dans le ciel, à côté de la constellation d'Orion.

LE SCORPION.

Près de là j'aperçois l'immense Scorpion,
Qui, dans l'aveugle essor de son ambition,
Non content d'occuper seul un si vaste espace,
Des signes plus voisins veut usurper la place.
Il atteint de son front à la voûte des cieux,
De là jusqu'aux enfers il prolonge ses feux,
Pressant de tous côtés de ses serres crochues
Les étoiles sous lui dans les airs répandues.
Tout fier de sa beauté, le superbe Orion
Osa se préférer à la sœur d'Apollon,
Et, dans sa folle ivresse, insulter à ses charmes.
La déesse saisit son carquois et ses armes;
Elle a tendu son arc, et, d'un bras vigoureux,
Se prépare à punir un mortel orgueilleux.
Mais, pour mieux châtier sa coupable insolence,
Un instrument plus vil servira sa vengeance :
Le trait frappe la terre ; il naît un scorpion
Dont l'aiguillon cruel déchirant Orion,
Du poison dans son corps laisse l'ardente trace,
Et punit du trépas sa criminelle audace.
Jupiter, qui du ciel s'intéresse à son sort,
Veut adoucir pour lui les horreurs de la mort.
Ce héros a quitté sa dépouille mortelle,

Il brille au haut des airs d'une flamme éternelle,
Et tel est aujourd'hui son apanage heureux,
Que rien n'égalera la beauté de ses feux.
Sa fierté même encore insultera Diane;
Et quand, au seul aspect de son char diaphane,
Les astres sentiront affaiblir leur clarté,
Orion, de ses feux déployant la beauté,
Avec Phœbé toujours disputera de gloire,
Et ne voudra jamais lui céder la victoire.
De l'arrêt du Destin qu'elle ne peut changer,
La déesse, du moins, veut encor se venger.
L'animal qui punit une cruelle offense,
Qui du fier Orion châtia l'insolence,
Transformé, par son ordre, en astre radieux,
Fait briller dans les airs tout l'éclat de ses feux.
Placé près d'Orion, sa flamme étincelante
Brave de son rival la fureur impuissante.
Mais ce n'est pas assez de ces brillants honneurs,
Diane l'a comblé de nouvelles faveurs;
Sous ce signe éclatant l'inépuisable automne
Nous prodigue les fruits de la douce Pomone;
Et le riche dépôt de ses dons bienfaisants
Prête encore à l'hiver des secours abondants.

                                        RICARD.

SON ASPECT.

Ici le Scorpion, aux deux bras repliés,
Recourbant en longs arcs et sa queue et ses pieds,
De deux signes lui seul couvre l'espace immense.
A peine Phaéton voit son dard qui s'élance,
Et se montre couvert d'une noire sueur,
Se dresser, menacer, se gonfler de fureur;
Son sang glacé d'effroi se transit dans ses veines,
Et sa main défaillante abandonne les rênes.

OVIDE, trad. de SAINT-ANGE.

INFLUENCE FUNESTE DU SCORPION.

Mais que d'un vert naissant le sillon surmonté
De son dos inégal cache sa nudité,
Et de loin à nos yeux présage l'abondance.
Ordonnez aux brouillards que l'automne condense,
Lorsqu'éteignant les feux de l'occident vermeil,
La nuit a ramené les heures du sommeil,
Dieux bons! ordonnez-leur que la terre humectée
Par eux d'un air impur ne soit point infectée.
Souvent dans les brouillards qui couvrent l'horizon
Le Scorpion céleste a lancé son poison.
Alors de la beauté les roses se flétrissent;

Du jeune homme pâli les forces dépérissent ;
Et la tombe, sans cesse ouverte sous nos pas,
Appelle le vieillard des langueurs au trépas.
Oh ! que de fois alors la Peste, au vol immonde,
Pour assouvir l'enfer a parcouru le monde !

ROUCHER.

Le Sagittaire.

(Novembre.)

Le Sagittaire est représenté sous la forme d'un centaure au moment où il tire. C'est dans la saison où l'on se livre à l'exercice de la chasse que le soleil semble parcourir ce signe.

Le centaure Chiron, fils de Saturne et de Philyre, moitié homme et moitié cheval, vivait dans les montagnes, toujours armé d'un arc. Comme il souffrait beaucoup du pied, d'une blessure que lui fit en tombant une flèche d'Hercule, trempée dans le sang de l'hydre, il désirait fort de mourir ; mais il était immortel. Enfin il

demanda la mort avec tant d'instance, que
les dieux le placèrent dans le ciel parmi
les douze signes du zodiaque. C'est le Sagittaire.

LE SAGITTAIRE.

Aux hôtes des forêts, le vaillant Sagittaire
Fait sentir chaque jour son arme meurtrière.
Lorsque le laboureur suspendant ses travaux
A vu naître pour lui la saison du repos ,
Que la terre a reçu cette utile semence
Qui de tant de trésors enferme l'espérance ,
On le voit aussitôt, armé de son carquois ,
Sur les pas de ses chiens s'élancer dans les bois.
Tel Chiron, sur les bords qu'arrose le Pénée ,
A ce plaisir souvent consumait sa journée ;
Centaure vigoureux, intrépide chasseur ,
Des tigres, des lions il bravait la fureur,
Et, plus léger qu'un cerf, gravissait les montagnes;
Souvent il parcourait les bois et les campagnes,
Et, jaloux de remplir de plus nobles destins,
Il s'instruisait dans l'art de guérir les humains ;
Des arbrisseaux divers, des herbes et des plantes
Apprenait les vertus, les qualités puissantes;
Et, par l'usage heureux de leurs sucs bienfaisants,

Il soulageait les maux des mortels languissants.
Chiron, non moins fameux par sa haute sagesse,
Des héros qui jadis illustrèrent la Grèce,
De ces guerriers issus du plus beau sang des dieux,
Forma par ses leçons les esprits généreux,
Et sut leur inspirer ces vertus héroïques,
Ornements immortels de leurs fastes antiques.
Hélas! dans cette gloire il trouva son malheur.
De l'invincible Hercule admirant la valeur,
Il maniait un jour les flèches redoutables,
Toujours teintes du sang des monstres indomptables,
Quand de l'un de ces traits atteint imprudemment,
Chiron se voit en proie au plus affreux tourment.
En vain, pour s'affranchir de ces douleurs cruelles,
Il tente de son art les secours infidèles;
Rien ne peut le calmer, et dans son sort affreux
Il demande la mort comme un bienfait des dieux:
Il l'obtient de Saturne à qui sa gloire est chère,
Et déjà sous les traits d'un ardent Sagittaire
Dans le sein des forêts à la chasse animé,
En un signe céleste il se voit transformé.

RICARD,

SES RAVAGES.

Déjà du haut des cieux le cruel Sagittaire
Avait tendu son arc et ravagé la terre;

18.

Les coteaux et les champs, et les prés défleuris
N'offraient de toutes parts que de vastes débris;
Novembre avait compté sa première journée.

FONTANÈS.

ABANDON DE LA CAMPAGNE.

Ainsi, dès que le Sagittaire
Viendra rendre nos champs déserts,
J'irai, secret dépositaire,
Près de ton foyer solitaire
Jouir de tes savants concerts.

J.-B. ROUSSEAU.

RETOUR DANS LES VILLES.

Quand les frimas du Sagittaire humide
Glacent aux champs la dryade timide;
Lorsque Borée, à son triste retour,
Rend aux cités les belles et l'amour,
Par d'autres soins poursuis d'autres conquêtes;
C'étaient des jeux, ce sont ici des fêtes.

BERNARD.

TRISTE ASPECT DE LA NATURE.

Tout annonce l'hiver et son âpre froidure,
Les feuilles sur mes pas tombant de toutes parts,
Et l'arbre presque chauve attristant mes regards,
Les traits demi-glacés qu'à travers l'atmosphère,
Sur les prés, dans les nuits, lance le Sagittaire,
Le disque du soleil qui, pâle à son retour,
Sans montrer ses rayons, nous ramène le jour,
Les vents qui, s'engouffrant dans les forêts profondes,
Agitent les sapins comme ils battent les ondes,
Le départ des oiseaux attroupés dans les airs,
Les humides vapeurs dont les cieux sont couverts,
Les urnes que l'hyade épuise sur nos têtes,
Les fleuves, les torrents grossis par les tempêtes,
Et les jours s'avançant vers leur dernier déclin,
Et l'année en décours qui penche vers sa fin.

LEMIERRE.

Le Capricorne.

(Décembre.)

Le Capricorne est représenté par un
bouc à queue de poisson; c'est une des

quarante constellations dont les noms passèrent de l'Égypte en Grèce. Les Grecs prétendent que Pan, pour se soustraire au géant Typhon, se jeta dans le Nil et fut métamorphosé en cet animal; ce fut en commémoration de cet exploit que Jupiter l'éleva au ciel. D'autres disent que le Capricorne est la chèvre Amalthée, nourrice de Jupiter.

Il est probable que les Égyptiens marquèrent ainsi cette partie du zodiaque, parce qu'alors le soleil commence à monter vers le nord (1); le bouc se complaît en effet à grimper sur les côtes des montagnes.

LE CAPRICORNE.

Sous les dehors obscurs d'un animal tremblant,
Pan évite leurs coups et fuit en pâlissant;
Cependant Jupiter, des éclats de sa foudre,
Terrasse les Titans et les réduit en poudre.
Il a vu du dieu Pan la honte et la douleur,
Et, touché des remords qui déchirent son cœur,

(1) Au contraire c'est la terre qui descend.

Il place dans les cieux cet animal timide,
Qui seconda le Dieu dans sa fuite rapide ;
Mais souvent les frimas, les nuages épais
Cachent à nos regards sa figure et ses traits.

Une autre opinion non moins accréditée
Transporte ce bienfait à la chèvre Amalthée ;
Rhéa, de son époux trompant la cruauté,
Lui confia son fils ; et, par elle allaité,
Pour payer tous les soins donnés à son enfance,
Jupiter l'honora de cette récompense.
Cet animal léger et toujours suspendu,
Représente Phébus, lorsqu'à nos vœux rendu,
Et du midi vers nous recommençant sa course,
Du tropique d'hiver il remonte vers l'Ourse :
Arrêté quelque temps il ranime son cours,
Et vient faire pour nous luire de plus beaux jours.

RICARD.

Le Verseau.

(Janvier.)

Le Verseau est représenté par un courant d'eau sortant d'un vase. Le coucher

héliaque du Verseau a lieu vers la fin de juillet, et les anciens prétendaient que les débordements du Nil provenaient de la *position penchée* qu'avait alors le vase de la constellation.

Suivant la fable le Verseau représente Ganymède enlevé au ciel par Jupiter pour lui servir d'échanson.

LE VERSEAU.

Jupiter, qui d'Hébé prononce la disgrâce,
Au jeune Ganymède a destiné sa place :
Le nouvel échanson, hôte digne des cieux,
De torrents de nectar enivre tous les dieux :
Dans ce premier emploi sa grâce naturelle
Lui mérite bientôt une place nouvelle ;
Et la coupe à la main, sous le nom de Verseau,
Il brille au zodiaque, où ce signe nouveau
Nous verse abondamment le tribut de ses ondes,
Et nourrit de nos champs les semences fécondes.

RICARD.

MÊME SUJET.

Ce roi n'ose pourtant, jeune et trop faible encor,
Environner son front de tous ses rayons d'or :

De quelques traits de flamme à peine il se couronne.
Vingt rivaux en faveur lui disputent son trône;
L'enfant du Nord l'assiège, et le démon des eaux
Menace d'abîmer la terre sous les flots.
Il s'avance, il descend chargé d'une urne immense :
Sa main l'ouvre à grand bruit, et sur l'an qui commence,
Renversant tout entier ce dépôt des hivers,
L'ouragan pluvieux en couvre l'univers.
Le Ciel fond en torrent, qui, du haut des montagnes,
Écumant et grondant, s'étend sur les campagnes.

ROUCHER.

Les Poissons.

(Février.)

Le signe des Poissons est représenté par deux poissons liés ensemble par la queue. L'approche du printemps avertissait alors l'homme que la saison de la pêche allait commencer.

Les anciens prétendaient que ce signe avait toujours une influence funeste. Les Syriens et les Égyptiens se sont long-temps

abstenus de manger du poisson; et, lorsqu'ils avaient à représenter quelque chose
d'odieux ils lui donnaient l'emblême du
poisson.

Les poissons du zodiaque sont ceux qui
portèrent Vénus et Cupidon au-delà de
l'Euphrate, lorsqu'elle fuyait les pour-
suites du géant Typhon. D'autres prétendent que ce furent les dauphins qui
menèrent Amphitrite et Neptune, et que,
par reconnaissance, ce dieu obtint de Jupiter une place pour eux dans le zodiaque.

LES POISSONS.

Enfin au dernier rang paraissent les Poissons,
Qui fermant à la fois et rouvrant les saisons,
De l'hiver rigoureux tempèrent l'influence,
Et d'un nouveau printemps ramènent l'espérance.
Déjà Phébus renaît plus brillant et plus pur,
Les nuages, des cieux ternissent moins l'azur,
D'un mouvement plus vif la nature s'anime;
Partout de son réveil l'heureux pouvoir s'imprime;
Qui les a fait ainsi précurseurs des beaux jours ?
C'est la belle Vénus, la reine des amours,

Qui pour eux de son père obtint cette puissance,
De son honneur sauvé trop juste récompense.
Quand les fils de Titan, ces géants orgueilleux,
Voulurent détrôner le souverain des dieux,
Le superbe Typhon, dans sa brutale ivresse,
Aux cieux même attaqua, poursuivit la déesse.
D'un nuage léger Vénus s'enveloppant,
Vers les bords de la mer a fui rapidement;
Typhon ose l'y suivre, et l'île de Cythère
Ne peut même arrêter sa fureur téméraire.
Deux agiles dauphins sortis du sein des eaux
S'élancent au rivage; ils approchent leur dos,
A s'y placer sans crainte invitent la déesse;
Et l'arrachant enfin au danger qui la presse,
Dans des lieux inconnus au crime audacieux,
Ils ont déjà porté ce fardeau précieux;
Vénus repose en paix sur les bords de l'Euphrate.
Après un tel bienfait pourrait-elle être ingrate,
Ou les récompenser par un prix plus flatteur?
La fable dit aussi que ce sublime honneur
Fut un présent du dieu qui règne sur les ondes.
Quand Neptune voulut, dans ses grottes profondes,
Joindre au pouvoir d'un roi le bonheur d'un époux,
Et rendre à ses sujets un empire plus doux,
Il chargea deux dauphins d'aller vers ces rivages
Qu'Atlas couvre toujours des plus épais nuages,

Où la belle Amphitrite, au printemps de ses jours,
Dut enfin de Neptune écouter les amours.

RIGARD.

LES DOUZE SIGNES.

Le Bélier, fier de sa toison,
Qui marque une riche parure,
En nos climats, de la verdure
Annonce l'aimable saison.
Le Taureau, c'est le labourage;
Les Gémeaux, la fécondité,
Et de l'amitié le doux gage;
L'Écrevisse est la simple image
Du soleil qui s'est arrêté,
Et, versant les feux de l'été,
Ramène vers nous son voyage;
Le Lion nous peint la vigueur,
Le pouvoir et sa violence,
Et la dévorante chaleur
Dont Juillet nourrit sa présence;
O Vierge, emblème d'innocence,
Un bouquet d'épis dans les mains,
De Cérès montre l'abondance,
Et prescris-nous la tempérance,
Si rare parmi les humains;
Toi, signe exact de la Balance,

Égalise la nuit au jour,
Et montre-nous par cet emblème
Que là haut l'équité suprème
Doit nous peser à notre tour;
Et toi, Scorpion, triste signe
De maladie et de fléaux,
Viens nous rappeler que nos maux
Sont de l'homme un partage insigne;
Sagittaire, prends ton carquois,
Peins-nous, au départ de l'Automne,
Le chasseur courant dans les bois,
Poursuivant le lièvre aux abois,
Ou l'oiseau qui les abandonne;
Enfin au retour des frimas,
Capricorne, tes pieds se dressent,
Tu rends encore à nos climats
Les coursiers du jour qui se pressent;
Tandis que l'humide Verseau,
Prodigue et de pluie et de neige,
De Janvier, au frileux cortége,
Va terminer le cours nouveau;
Et que les deux enfans de l'onde,
Les Poissons, sauveurs des amours,
Après avoir mouillé le monde,
Rentrés dans la vague profonde,
Laisseront briller les beaux jours.

ALBERT DE MONTEMONT.

La grande et la petite Ourse.

Parmi les constellations boréales les plus généralement connues sont celles de la grande et de la petite Ourse. Ces deux constellations sont très-remarquables et toujours visibles dans nos climats. De ce qu'elles ne descendent jamais sous l'horizon, les poètes ont pris occasion de dire que l'entrée de l'Océan leur est interdite.

La grande Ourse se nomme aussi le *Chariot*; ses principales étoiles, au nombre de quatre, forment un carré long, et trois autres sont disposées sur une ligne courbe; ces dernières forment ce qu'on appelle la queue de l'ourse. On découvre sur-le-champ cette constellation en jetant les yeux vers le nord.

La petite Ourse, à peu de distance de la grande, est de forme tout-à-fait semblable, mais plus petite, renversée et moins brillante. La dernière étoile de la queue est très-importante à connaître ; c'est l'étoile *polaire*. Elle est presque immobile; l'axe de la terre répond à cette étoile, et c'est autour d'elle que s'accomplissent tous les mouvements apparents des astres.

Junon irritée contre la nymphe Calisto, que Jupiter avait aimée et dont il avait eu Arcas, métamorphosa cette nymphe et son fils en ours ; mais Jupiter les plaça dans le ciel. On croit que Calisto était la grande Ourse, et Arcas la petite.

Junon se plaint de Jupiter dans les vers suivants :

LA GRANDE ET LA PETITE OURSE.

Pourquoi vous étonner si la reine des cieux
Paraît en suppliante ? Apprenez ma disgrâce,
Sachez qu'au firmament une autre prend ma place :
Croyez que je me plains sur un prétexte faux,
Si , quand le soir viendra rallumer ses flambeaux ,
Le pôle n'offre pas des étoiles nouvelles,
Pour ma haine trompée injures immortelles.
Et qui peut craindre encor le courroux de Junon?
Qui voudra respecter sa puissance et son nom,

Quand je fais triompher ceux que je veux détruire,
Et que seule des dieux je sers quand je veux nuire ?
Certes que ma vengeance a d'éclatants succès !
Calisto n'est plus femme; et le ciel désormais
Parmi ses habitants voit briller la coupable.
Voilà, voilà de quoi mon pouvoir est capable !
Pourquoi borner sa gloire et ne lui rendre pas
Et sa dernière forme et ses premiers appas ?
Je n'attendais pas moins d'un époux infidèle :
Il l'osa pour Io, qu'il l'ose encor pour elle,
Qu'il ose maintenant répudier Junon,
Et pour beau-père enfin qu'il prenne un Lycaon.
Mais vous de qui les soins ont nourri mon enfance,
Si votre zèle au moins partage mon offense,
N'ouvrez point votre sein à ces astres nouveaux,
Et ne souffrez jamais qu'ils profanent vos eaux.

DE SAINT-ANGE.

HÉMISPHÈRE AUSTRAL.

L'astre ami des nochers, que sa lueur conduit,
A cessé d'éclairer les ombres de la nuit;
Et bravant de Téthys la défense sévère,
La froide Calisto descend sous l'onde amère (1).

ESMÉNARD.

(1) La constellation des Gémeaux ne brille jamais sur l'hémisphère austral, tandis que la grande Ourse y descend sous l'horizon, ce qui n'a jamais lieu dans nos climats.

La Gravitation

ou

PESANTEUR UNIVERSELLE.

Une puissance universelle, connue seulement par ses effets, retient tous les corps célestes aux places qui leur ont été assignées dans l'espace. Si les lois de cette puissance cessaient d'exister, les planètes franchiraient les confins de leurs orbites, les étoiles fixes abandonneraient les points du firmament où depuis tant de siècles elles sont stationnaires ; pressés, heurtés les uns contre les autres, tous les astres rouleraient sans fin et se briseraient mutuellement ; les créatures vivantes périraient aussitôt, les éléments des mondes se dissoudraient eux-mêmes, partout renaîtrait le chaos, et il n'y aurait plus d'univers.

Mais l'intelligence suprême qui a créé les mondes les a doués en même temps d'une force secrète qui entretient l'harmonie dans leurs mouvements et dans leurs distances respectives. En vertu de cette force que nous nommons *pesanteur* ou *gravitation*, tous les corps qui environnent un astre à une certaine proximité sont attirés vers le centre de cet astre. C'est ainsi que les hommes répandus sur la surface de notre globe, ceux même qui ont par rapport à nous la tête en bas, sont également retenus vers la terre, et que tous les objets qui ne sont point soutenus en l'air par quelque autre force tombent d'eux-mêmes.

Non-seulement les astres attirent vers leur centre tout ce qui se trouve dans leur sphère d'attraction, mais, par l'effet de la même pesanteur, ils s'attirent aussi entre eux. Ils se briseraient par conséquent les uns contre les autres, s'il n'existait pas une autre force secrète qui fait qu'ils se repoussent en même temps qu'ils s'attirent à un certain degré. De cette manière, et grâce à cette combinaison de deux puissances opposées, ils ne peuvent ni s'éloigner ni s'approcher les uns des autres que d'après des lois fixes et certaines.

La première force se nomme force d'*attraction*; la seconde, force de *répulsion*: on appelle force *centripète* celle en vertu de laquelle les objets tendent vers le centre, et force *centrifuge* celle en vertu de laquelle ils s'en écartent.

La *précession des équinoxes* est un des effets de l'attraction, et la conséquence de ce dérangement imperceptible à cause de sa lenteur dans l'inclinaison de l'axe terrestre.

L'attraction produit aussi le phénomène des marées, c'est-à-dire le flux et le reflux de la mer. Deux fois par jour les eaux de l'Océan couvrent et abandonnent leur rivage; cette élévation des flots vient de ce que la lune, d'après les lois de la gravitation, les attire à elle; mais son attraction n'est pas assez puissante pour triompher de la force centripète qui les retient à la terre. Les plus grandes marées ont lieu lorsque la lune, le soleil et la terre se trouvent sur la même ligne, parce qu'alors la lune et le soleil agissent dans le même sens. Képler a découvert les lois de l'attraction, Newton les a généralisées.

LA GRAVITATION OU PESANTEUR UNIVERSELLE.

Pénétrez de Newton l'auguste sanctuaire ;
Loin d'un monde frivole et de son vain fracas,
De tous les vils pensers qui rampent ici-bas,
Dans cette vaste mer de feux étincelante,
Devant qui notre esprit recule d'épouvante,
Newton plonge, il poursuit, il atteint les grands corps,
Qui jusqu'à lui sans lois, sans règles, sans accords,
Roulaient désordonnés sous les voûtes profondes ;
De ces brillants chaos Newton a fait des mondes ;
Atlas de tous ces cieux qui reposent sur lui,
Il les fait l'un de l'autre et la règle et l'appui,
Il fixe leurs grandeurs, leurs masses, leurs distances.
C'est en vain qu'égarée en ces déserts immenses,
La comète espérait échapper à ses yeux ;
Fixes ou vagabonds, il poursuit tous ces feux
Qui, suivant de leurs cours l'incroyable vitesse,

Sans cesse s'attirant, se repoussent sans cesse,
Et par deux mouvements, mais par la même loi,
Roulent tous l'un sur l'autre, et chacun d'eux sur soi.
O pouvoir du génie et d'une ame divine,
Ce que Dieu seul a fait, Newton seul l'imagine;
Et chaque astre répète en proclamant leur nom :
Gloire au Dieu qui créa les mondes et Newton!

DELILLE.

DES FORCES CENTRIFUGE ET CENTRIPÈTE.

Barythée est au centre, inaccessible point,
Où l'univers entier de terme en terme est joint;
Il pénètre partout, ramène et presse entre elles,
D'un esprit attirant les sphères éternelles,
Masse dont Proballène a, d'un contraire effort,
Centrifuge immortel, déployé le ressort.
Par leur double pouvoir circule en paix le monde :
Tel que, hors de la main qui fait tourner la fronde,
Sur le rayon d'un fil où son poids est fixé,
Un caillou roule en cercle avant qu'il soit lancé :
Telle au centre liée et le fuyant sans cesse,
La masse est emportée et roule avec vitesse.
Ainsi, du mouvement Barythée est l'appui :
Le pouvoir se balance entre son frère et lui ;
Il attire et soutient en voûte indestructible,

Sans base, sans levier et sans ressort visible,
Des mondes si lointains, si prompts en tous leurs pas,
Que de l'aigle en leur cours l'œil ne les saisit pas.
Abime de hauteur !..... quelle main créatrice
Suspendit sur le vide un si stable édifice ?

LEMERCIER.

LA PRÉCESSION DES ÉQUINOXES.

Terre, change de forme, et que la pesanteur
En abaissant le pôle élève l'équateur ;
Pôle immobile aux yeux, si lent dans votre course,
Fuyez le char glacé des sept astres de l'Ourse :
Embrassez dans le cours de vos longs mouvements
Deux cents siècles entiers par-delà six mille ans.

VOLTAIRE.

LES MARÉES.

Secret de l'Océan, ô flux mystérieux,
Daigneras-tu jamais dévoiler à mes yeux
Le moteur qui deux fois dans la même journée
Retire et rend les flots à la rive étonnée ?
Sur son trône de feu, l'astre de l'univers
Règle-t-il à son gré tes mouvements divers ?
Dans l'ombre de la nuit son heureuse rivale

Les tient-elle asservis à sa marche inégale ?
Et d'où vient qu'en tous lieux fidèles et réglés
L'Euripe seul les voit inconstants et troublés ?
(*La Navigation.*)

CAUSE DES MARÉES.

La lune au front mobile et voyageant dans l'air
Obéit à la terre et commande à la mer,
Ramène de Téthys la fièvre irrégulière,
Et balance ses eaux sur leur double barrière.

CHÊNEDOLLÉ.

DESCRIPTION DU FLUX.

La mer à flots impétueux
Monte et fait trembler le rivage ;
Mille enfants désertent la plage,
Désolés de quitter leurs jeux.
Vous voyez la vague naissante
S'enfler, croître, se balancer,
Courir en rouleau, se briser,
Vers vous s'élancer écumante ;
Vous voulez fuir, vous la voyez
Effacer vos pas sur le sable ;

Et cette vague redoutable
Vient humblement baiser vos pieds.

DUAULT.

DESCRIPTION DES DEUX MOUVEMENTS.

Tels dans leur flux rapide et leur bruyant reflux
Se balancent des mers les flots irrésolus;
Tantôt sur les rochers que son écume inonde,
L'Océan courroucé précipitant son onde,
Couvre en grondant ses bords; tantôt dans son bassin
Reportant les cailloux qu'avait vomis son sein,
Il ramène sur lui ses ondes fugitives.

DELILLE. (Énéide.)

Voltaire a dit en parlant de Newton :

La mer entend sa voix; je vois l'humide empire
S'élever, s'avancer vers le ciel qui l'attire;
Mais un pouvoir central arrête ses efforts;
La mer tombe, s'affaisse et roule vers ses bords.

Inégalités du Flux et du Reflux.

L'*Atlantiade* est un poème allégorique dans lequel M. Lemercier a essayé d'expliquer les lois qui régissent les astres, en personnifiant tantôt les astres eux-mêmes, tantôt les ressorts qui les font mouvoir. Ainsi, suivant ses fictions, les marées sont produites par le penchant, l'attraction mutuelle qu'éprouvent l'un pour l'autre l'*Océan* et la Lune appelée *Ménie*; le Soleil se nomme *Hélion*, et la puissance attractive se nomme *Barythée*. C'est *Ménie* ou la Lune qui s'adresse ici aux nymphes de la mer :

Nymphes, écoutez-moi, leur dit la déité :
Votre maître soupire épris de ma beauté;
Sa plainte dans le ciel a touché ma tendresse;
Mais l'ardent *Hélion* me surveille sans cesse;
Que l'Océan m'attende et qu'il sache les jours
Où la Terre, sa sœur, nous permet ses secours.

Chaque mois autour d'elle à la hâte emportée,
Je m'en approche, ainsi l'ordonne *Barythée* :
Pour choisir ce moment que le grand roi des eaux,
S'il veut s'unir à moi, distingue mes signaux.

Lorsque de mes croissants les dards semblent encore
Menacer les climats où se lève l'aurore,
Qu'il s'apaise, *Hélion*, contraire à son transport,
Veillant à mon côté combattrait son effort.

Quand mon arc en un disque est changé pour la terre,
Ou quand mon front s'éclipse à l'ombre de sa sphère,
Je suis loin du soleil qui ne m'aperçoit pas,
Que le libre Océan me tende alors les bras.

Après ce peu de jours lorsque perçant ma trace,
Mon arc vers l'orient tournera sa menace,
Qu'il se calme en ses flots jusqu'au moment heureux
Où devant le soleil interrompant ses feux,
Je lui cache en passant derrière un crêpe sombre
L'amoureux Océan que servira cette ombre.

C'est peu que d'épier mes quatre aspects divers,
Chaque fois qu'au solstice accourent les hivers,
La terre alors remonte au soleil qui l'attire,
A nos tendres accords leur approche conspire ;

Surtout alors qu'aux cieux l'automne et le printemps,
En jours égaux aux nuits mesureront le temps,
Car sitôt qu'*Hélion* traverse à pas obliques
Le cercle qu'il embrasse entre les deux tropiques,
Nous pouvons tous les deux, l'un de l'autre plus près,
Nous faire mieux sentir nos mutuels attraits (1).

LEMERCIER. (Atlantiade.)

(1) Pour bien comprendre ces vers, il faut se rappeler que lorsque la lune est *pleine* ou lorsqu'elle est *nouvelle*, le soleil, la terre et la lune ont leur centre sur la même ligne, et qu'alors les plus grandes marées ont lieu. Au contraire, lorsque la lune est à son premier ou à son dernier quartier, la lune et le soleil sont placés comme s'ils étaient aux deux extrémités d'une *équerre* dont la terre occupe l'angle : alors les eaux de la mer sont les plus basses. Au solstice d'hiver, la terre étant plus près du soleil, la force des marées augmente ; le moment des équinoxes est celui de leur plus grand débordement. Au reste, il faut avoir bien présente, en lisant ces vers, l'explication des phases de la lune.

Les divers Systèmes.

—

Le vrai système du monde, comme nous l'avons déjà dit, ne commença à être adopté que dans le seizième siècle. Copernic, né à Thorn (Prusse) en 1507, publia au moment de sa mort, arrivée en 1543, un ouvrage où il rappelait l'attention sur les doctrines astronomiques de Pythagore et de ses disciples. Ces philosophes croyaient à l'immobilité du soleil et le regardaient comme placé au centre du monde.

Avant Copernic, le système de Ptolémée avait régné quatorze cents ans. C'est dans le deuxième siècle de notre ère chrétienne que cet astronome florissait dans Alexandrie en Égypte. Suivant lui, la terre est immobile au centre de tous les corps célestes qui circulent autour d'elle.

Après Copernic, et à peu près dans le même temps, Tycho-Brahé, astronome danois, imagina un système mixte. La terre demeurait toujours immobile, mais, au lieu de circuler autour d'elle immédiatement, les planètes accomplissaient leurs révolutions autour du soleil qui les emportait dans son mouvement autour de la terre, comme la terre entraîne réellement la lune dans sa marche autour du soleil; mais ce système ne réussit pas; les yeux étaient déjà frappés de la lumière répandue par Copernic, et augmentée par les travaux de Képler et de Galilée.

Descartes fut le premier qui essaya de réduire les mouvements des corps célestes à un principe mécanique; il imagina des tourbillons d'une matière subtile, dans le centre desquels il plaçait les corps. Le tourbillon du soleil mettait la planète en mouvement; celui de la planète forçait de la même manière le satellite à faire ses révolutions; mais le mouvement des comètes traversant les cieux en tous sens détruisait ces tourbillons, comme il avait antérieurement détruit les sphères solides do cristal des astronomes anciens. (*Astro-nomie en vingt-deux leçons.*)

Newton naquit dans le même siècle que Descartes, et détruisit son système en expliquant tous les mouvements célestes par les lois de la gravitation.

LE SYSTÈME DU MONDE.

Dans le centre éclatant de ces orbes immenses,
Qui n'ont pu nous cacher leur marche et leurs distances,
Luit cet astre du jour par Dieu même allumé,
Qui tourne autour de soi sur son axe enflammé;
De lui partent sans fin des torrents de lumière;
Il donne, en se montrant, la vie à la matière,
Et dispense les jours, les saisons et les ans,
A des mondes divers autour de lui flottants.
Ces astres, asservis à la loi qui les presse,
S'attirent dans leur course et s'évitent sans cesse,
Et, servant l'un à l'autre et de règle et d'appui,
Se prêtent les clartés qu'ils reçoivent de lui.
Au-delà de leurs cours et loin de cet espace,
Où la matière nage et que Dieu seul embrasse,
Sont des soleils sans nombre et des mondes sans fin;
Dans cet abîme immense il leur ouvre un chemin.
Par-delà tous ces cieux le Dieu des cieux réside.

VOLTAIRE.

LE SYSTÈME DE PTOLÉMÉE.

O quels nouveaux écarts, et combien d'ignorance,
Orgueilleux Ptolémée, est jointe à ta science !
Le roi du jour, par toi de son trône exilé,
A tourner près de nous fut mille ans appelé ;
Et des lois d'un vassal notre terre affranchie,
Méconnut du soleil la haute monarchie.
Les orbes l'un sur l'autre entassés follement
Roulaient, trop compliqués dans l'étroit firmament.
L'erreur, en s'écartant de la loi des distances,
Multiplia les chocs de ces globes immenses,
Et de l'esprit humain l'essor ambitieux
Porta ses embarras dans l'empire des cieux ;
Sur tous ces globes d'or égarant son audace,
Il changea leurs emplois, leurs rapports et leur masse ;
Il fit de l'empyrée un chaos de splendeur,
Où la confusion remplaçait la grandeur.

LE SOLEIL RÉTABLI DANS SES DROITS,
ou
LE SYSTÈME DE COPERNIC.

A l'arrêt du destin contrainte de souscrire,
La Terre enfin a vu renverser son empire ;

Dans ses premiers honneurs le Soleil rétabli
Voit les cieux empressés s'incliner devant lui,
Et son globe immortel au centre de l'espace,
Plus brillant que jamais, vient reprendre sa place ;
Tous les astres épars ralliés à sa voix
Sont ravis de marcher de nouveau sous ses lois ;
A la terre Phœbé reste seule fidèle,
Et refuse de suivre une route nouvelle.

RICARD.

SYSTÈME DE TYCHO-BRAHÉ.

En vain les préjugés tonnèrent contre lui,
En vain Tycho-Brahé leur cherchant un appui,
Soutient la terre fixe et le soleil mobile ;
En vain, pour le prouver, il cita l'évangile ;
Son système boiteux n'a duré qu'un moment.

GUDIN.

LE SYSTÈME DE DESCARTES.

Descartes, de son temps la lumière et l'honneur ;
Descartes, des mortels le sage bienfaiteur,
Vainqueur des préjugés qui les tenaient esclaves,
De la raison enfin sut briser les entraves,
D'un pouvoir usurpé borna l'autorité,
Et de trop longs mépris vengea la vérité ;
Il frappa les esprits de ce jour salutaire

Dont encore aujourd'hui le flambeau nous éclaire ;
Sa méthode profonde, assurant nos regards,
Dans les champs du savoir trouva bien des écarts.
Moins heureux, il est vrai, quand d'une main féconde
Il voulut à son gré recomposer le monde :
Il crut que l'univers dans tout son contenu
D'aucun vide jamais n'était interrompu ;
Que ce plein composé d'une triple matière
Avait formé des corps la substance première ;
Et pour faire mouvoir tous les êtres divers,
Même ces vastes corps qui, portés dans les airs,
Avec rapidité parcourent leur carrière,
Et des plaines du ciel atteignent la barrière,
Il avait supposé que l'espace des cieux,
Où dans l'ombre des nuits étincellent les feux,
Que ce tissu brillant de la voûte azurée
Était d'un air subtil la substance épurée ;
Que dès le moindre choc cet air pur et léger
Par l'approche des corps se laissait partager ;
Que ces globes épais, dans leur course rapide,
Par leur masse pesante écartaient ce fluide ;
Comme on voit un vaisseau poussé par l'aviron
Imprimer sur les flots un mobile sillon.
Mais quel appui donner à ces globes immenses,
Que séparent entre eux les plus vastes distances ?
Quel ressort dans les airs dirigera leur cours ?

Quel pouvoir assez fort les soutiendra toujours ?
Quel contre-poids enfin dans un si long espace,
Sans jamais lui céder balancera leur masse ?
C'est alors que l'erreur lui fascinant les yeux,
Il alla concevoir ces tourbillons fameux
Où chaque astre, emporté par une marche oblique,
Dans un centre commun parcourait l'écliptique !

RICARD.

SYSTÈME DE NEWTON.

. . . . : Déjà de la carrière,
L'auguste vérité vient m'ouvrir la barrière ;
Déjà ces tourbillons l'un par l'autre pressés,
Se mouvant sans espace, et sans règle entassés,
Ces fantômes savants à mes yeux disparaissent ;
Un jour plus pur me luit, les mouvements renaissent ;
L'espace, qui de Dieu contient l'immensité,
Voit rouler dans son sein l'univers limité ;
Cet univers si vaste à notre faible vue,
Et qui n'est qu'un atome, un point dans l'étendue.
Dieu parle, et le chaos se dissipe à sa voix :
Vers un centre commun tout gravite à la fois.
Ce ressort si puissant, l'âme de la nature,
Était enseveli dans une nuit obscure ;
Le compas de Newton mesurant l'univers
Lève enfin ce grand voile, et les cieux sont ouverts.

Il découvre à mes yeux, par une main savante,
De l'astre des saisons la robe étincelante;
L'émeraude, l'azur, le pourpre, le rubis,
Sont l'immortel tissu dont brillent ses habits;
Chacun de ses rayons dans sa substance pure
Porte en soi les couleurs dont se peint la nature,
Et, confondus ensemble, ils éclairent mes yeux,
Ils animent le monde et remplissent les cieux.
Confidents du Très-Haut, substances éternelles,
Qui brûlez de ses feux, qui couvrez de ses ailes,
Le trône où votre maître est assis parmi vous,
Parlez; du grand Newton n'étiez-vous point jaloux?

VOLTAIRE.

BAILLY.

Français, ne dites plus qu'Atlas n'a point encor
Consacré vos travaux dans ses registres d'or.
Le monde mesuré n'est-il pas votre ouvrage?
A vos brillants efforts l'Europe rend hommage,
Et Newton parmi nous trouve enfin des rivaux;
Mais c'est à toi, Bailly, de peindre ces travaux,
A toi dont le crayon élégamment fidèle,
Des écrivains fameux rappelait le modèle.
Rapide historien, tu traças ces portraits
Dont à peine le vers peut ébaucher les traits;

Tu sus de la science embellir les annales;
Heureux si les grandeurs à ton repos fatales
N'avaient troublé jamais les sages voluptés,
Ni plié ton génie au joug des dignités!
Crains de t'environner de leur pompe étrangère.
Mais que dis-je ? ô regrets! ô faveur passagère!
La haine des bourreaux t'a promis au cercueil;
Tu tombes sous la hache, et les arts sont en deuil,
Ah! dans ces jours de sang où la France éplorée,
Par d'obscurs décemvirs gémissait déchirée,
La gloire en vain voulut, dans ces affreux moments,
De ses rayons sacrés protéger ses amants;
La gloire était un crime, et l'éclat du génie
Alarmait des bourreaux la sombre tyrannie;
Mais le trépas te venge et la patrie en pleurs
Vient t'offrir, ô Bailly, le tribut de douleurs
Que de ses soins pieux ton nom a droit d'attendre;
Ton avenir commence, et ranimant ta cendre,
Le jour consolateur de l'immortalité
Comme un astre éclatant sur toi s'est arrêté.

                                    CHÊNEDOLLÉ.

Usages de l'Astronomie.

Nous avons signalé au commencement de ce petit volume les divers usages de l'astronomie pour la navigation et l'agriculture; la division du temps, l'année, les mois, les semaines, les jours ont été réglés d'après les mouvements de la terre et les phases de la lune. Nous avons placé ici la belle ode de Thomas sur le *temps*, comme un sujet en rapport avec l'immensité de *l'espace*, puisque l'espace et le temps sont également sans limites.

Le morceau extrait du poème de *la Nature*, par Lebrun, et auquel nous avons donné pour titre *les Cieux devenus la conquête du génie*, nous a paru propre à terminer très-heureusement ce recueil, et sert en quelque sorte de résumé aux explications poétiques dont il se compose.

DIVISION DU TEMPS D'APRÈS LES MOUVEMENTS DES ASTRES.

Ce grand cercle observé, divisé, bien connu,
Où le cours du soleil paraissait contenu,
Devint l'anneau céleste et renferma l'année ;
La lune, en parcourant le cercle douze fois,
Et divise l'année et nous donne le mois ;
Les inégalités de sa course rapide
Semblent fuir aux calculs d'un examen rigide.
L'astre change sa forme et nous montre en passant
Tantôt un disque entier et tantôt un croissant ;
Opposant sa rondeur au soleil qui l'éclaire,
Ce croissant chaque jour s'alonge ou se resserre,
Et de ses cornes d'or il menace en tournant
L'occident le matin, et le soir l'orient ;
Bientôt il se remplit, et ses phases certaines,
En partageant le mois ont formé les semaines ;
Ainsi les pas du temps dans le ciel indiqués,
Par un caprice vain n'ont point été marqués.

GUDIN.

LES JOURS DE LA SEMAINE.

Lundi, jour de la lune, est celui des caprices ;
Mardi rappelle Mars, c'est celui des combats ;

On fête mercredi (1) le dieu des bons offices ;
Jupiter au jeudi préside avec fracas ;
Vendredi de ses maux doit consoler la terre ;
C'est le jour de Vénus, celui que je préfère ;
Samedi du sabbat annonce les travaux,
Et quoique le dimanche Indique le repos,
L'amour seul ne veut pas qu'on le passe à rien faire.

SANTERRE DE MAGNY.

LE TEMPS.

Qui me dévoilera l'instant qui t'a vu naître ?
Temps, quel œil remonte aux sources de ton être ?
Sans doute ton berceau touche à l'éternité ;
Quand rien n'était encore, enseveli dans l'ombre
      De cet abîme sombre,
Ton germe y reposait, mais sans activité.

Du chaos tout à coup les portes s'ébranlèrent ;
Des soleils allumés les feux étincelèrent,
Tu naquis, l'Éternel te prescrivit ta loi ;
Il dit au mouvement : Du temps sois la mesure ;
      Il dit à la nature :
Le temps sera pour vous, l'éternité pour moi.

(1) Mercure.

Dieu, telle est ton essence; oui, l'océan des âges
Roule au-dessous de toi sur tes frêles ouvrages ;
Mais il n'approche pas de ton trône immortel ;
Des millions de jours qui l'un l'autre s'effacent,
         Des siècles qui s'entassent,
Sont comme le néant aux yeux de l'Éternel.

Mais moi sur cet amas de fange et de poussière,
En vain contre le temps je cherche une barrière ;
Son vol impétueux me presse et me poursuit,
Je n'occupe qu'un point de la vaste étendue,
         Et mon ame éperdue,
Sous mes pas chancelants voit ce point qui s'enfuit.

De la destruction tout m'offre des images,
Mon œil épouvanté ne voit que des ravages ;
Ici de vieux tombeaux que la mousse a couverts ;
Là des murs abattus, des colonnes brisées,
         Des villes embrasées ;
Partout les pas du temps empreints sur l'univers.

Cieux, terre, éléments, tout est sous sa puissance ;
Mais, tandis que sa main dans la nuit du silence,
Du fragile univers sape les fondements,
Sur des ailes de feu loin du monde élancée,
         Mon active pensée
Plane sur les débris entassés par le temps.

Siècles qui n'êtes plus, et vous qui devez naître,
J'ose vous appeler, hâtez-vous de paraître,
Au moment où je suis venez vous réunir;
Je parcours tous les points de l'immense durée,
   D'une marche assurée,
J'enchaîne le présent, je lis dans l'avenir.

Le soleil épuisé dans sa brûlante course,
De ses feux par degrés verra tarir la source,
Et des mondes vieillis les ressorts s'useront;
Ainsi que les rochers qui du haut des montagnes
   Roulent dans les campagnes,
Les astres l'un sur l'autre un jour s'écrouleront.

Là de l'éternité commencera l'empire,
Et dans cet océan, où tout va se détruire,
Le temps s'engloutira comme un faible ruisseau;
Mais mon âme immortelle aux siècles échappée
   Ne sera point frappée,
Et des mondes brisés foulera le tombeau.

Des vastes mers, grand Dieu, tu fixas les limites!
C'est ainsi que des temps les bornes sont prescrites;
Quel sera ce moment de l'éternelle nuit?
Toi seul tu le connais, tu lui diras d'éclore:
   Mais l'univers l'ignore;
Ce n'est qu'en périssant qu'il en doit être instruit.

       THOMAS.

AGRICULTURE.

Le tranquille artisan, à l'ombre de ses toits,
Dispose en ses travaux des moments à son choix ;
Mais l'actif laboureur, ce rustique astronome,
Qui ne lit dans les cieux que l'art de nourrir l'homme,
S'asservit à la terre et dépend dans ses champs
De la marche du ciel et du retour des temps.
O précurseur du Christ, ton jour va reparaître,
Ta fête est parmi nous une époque champêtre,
Le villageois aiguise et la serpe et la faux :
La moisson est prochaine, on s'apprête aux travaux.

LEMIERRE.

LES TRAVAUX AGRICOLES
INDIQUÉS PAR LES ASTRES.

Il faut savoir encore interroger les cieux ;
L'Arcture, les Chevreaux, le Dragon lumineux,
Sont pour le laboureur d'aussi fidèles guides
Que pour l'adroit nocher qui, sur des mers perfides,
Implorant son pays, la terre et le repos,
Du détroit de Léandre ose affronter les flots.
Observe donc leur cours ; sitôt que la Balance,
Du travail, du repos, du bruit et du silence,

Rendra l'empire égal, et du trône et des airs,
Entre l'ombre et le jour suspendra l'univers;
Avant que des vents froids le souffle la resserre,
Tandis qu'elle est traitable, on façonne la terre;
De tes taureaux nerveux aiguillonne les flancs;
Sème l'orge, le lin, les pavots nourrissants:
Ne quitte point le soc; hâte-toi, les tempêtes
Vont verser les torrents suspendus sur nos têtes.
Sitôt que dans nos champs Zéphire est de retour,
On y sème la fève, et quand l'astre du jour
Ouvrant dans le Taureau sa brillante carrière,
Engloutit Sirius dans des flots de lumière,
Les sillons amollis reçoivent les sainfoins,
Et le millet doré redemande tes soins.
Préfères-tu des blés dont les gerbes flottantes
Roulent au gré des vents leurs ondes jaunissantes;
Attends jusqu'au lever de la Couronne d'or;
Plusieurs jettent leurs grains quand Maïa luit encor;
Mais la terre à regret reçoit cette semence,
Et de maigres épis trompent leur espérance.
La faisolle à tes soins a-t-elle quelque part;
Jusqu'à l'humble lentille abaisses-tu ton art;
Attends que dans les cieux disparaisse l'Arcture,
Et poursuis jusqu'au temps où règne la froidure.

VIRGILE, trad. de DELILLE.

PRONOSTICS POUR L'ÉTAT DU CIEL,

TIRÉS DE LA LUNE.

Mais malgré ses leçons crains-tu d'être séduit
Par le perfide éclat d'une brillante nuit;
Du soleil, de sa sœur observe la carrière.
Quand la jeune Phœbé rassemble sa lumière,
Si son croissant terni s'émousse dans les airs,
La pluie alors menace et la terre et les mers ;
Du fard de la pudeur peint-elle son visage,
Des vents prêts à gronder c'est le plus sûr présage,
Le quatrième jour cet augure est certain;
Si son arc est brillant, si son front est serein,
Durant le mois entier que ce beau jour amène,
Le ciel sera sans eau, l'aquilon sans haleine,
L'Océan sans tempête; et les nochers heureux
Bientôt sur le rivage acquitteront leurs vœux.

                    VIRGILE, trad. de DELILLE.

MÊMES PRONOSTICS DONNÉS PAR LE SOLEIL.

Le soleil à son tour t'instruit; soit dès l'aurore,
Soit lorsque de ses feux, sous un voile ennemi,
Son disque renaissant se dérobe à demi,
Crains les vents pluvieux; leurs humides haleines

Menacent tes troupeaux, tes vergers et tes plaines;
Si de son lit de pourpre on voit l'Aurore en pleurs
Sortir languissamment sans force et sans couleurs ;
Si Phœbus à travers une vapeur grossière
Dispersant faiblement quelques traits de lumière,
Semble luire à regret, de leurs feuillages verts
Les raisins colorés vainement sont couverts;
Sous les grains bondissants dont les toits retentissent,
La grêle écrase, hélas ! les grappes qui mûrissent.
Surtout sois attentif lorsqu'achevant leur tour,
Ses coursiers dans la mer vont éteindre le jour;
Du pourpre, de l'azur les couleurs différentes
Souvent marquent son front de leurs taches errantes.
Saisis de ces vapeurs le spectacle mouvant ;
L'azur marque la pluie, et le pourpre le vent :
Si le pourpre et l'azur colorent son visage,
De la pluie et des vents redoute le ravage :
Je n'irai point alors sur de frêles vaisseaux
Dans l'horreur de la nuit m'égarer sur les eaux.
Mais lorsqu'il recommence et finit sa carrière,
S'il brille tout entier d'une pure lumière,
Sois sans crainte; vainqueur des humides autans,
L'aquilon va chasser les nuages flottants.
Ainsi ce dieu puissant, dans sa marche féconde,
Tandis que de ses feux il ranime le monde,
Sur l'humble laboureur veille du haut des cieux,

Lui prédit les beaux jours et les jours pluvieux.
Qui pourrait, ô soleil! t'accuser d'imposture?
Tes immenses regards embrassent la nature.

VIRGILE, trad. de DELILLE.

La Navigation.

O toi qui, le front ceint de rayons tutélaires,
Dans le calme des vents et des nuits solitaires,
En signes enflammés qui brillent dans les airs,
Traces au nautonnier sa route sur les mers :
Uranie, à mes chants consacrés à ta gloire,
De l'art que tu chéris viens confier l'histoire.

TRAVAUX D'URANIE
EN FAVEUR DE LA NAVIGATION,
ET SERVICES QU'ELLE EN REÇOIT.

Instrument des vertus, des crimes, des conquêtes,
Cet art majestueux qui dompte les tempêtes,
A de tous les talents inspiré les travaux ;
Chaque jour les neuf Sœurs, dans ses progrès nouveaux,
Trouvent un champ plus vaste ouvert à leur génie.
Toi, surtout, ô déesse! ô puissante Uranie!
Qui, le front couronné d'astres consolateurs,
Règnes sur l'Océan, et des navigateurs
Sans cesse agrandissant la science immortelle,

22

Animes tous les arts par ta gloire et pour elle ;
Si des signes de feu rayonnent dans les airs,
Dirigent le nocher sur l'abîme des mers,
C'est toi qui, pour guider nos voiles alarmées,
Fais briller devant lui ces routes enflammées :
Pour lui tu prolongeas ce tube ingénieux
Qui mesure l'espace et rapproche les cieux :
C'est pour lui que traçant une ligne plus sûre,
Ton compas a du globe arrondi la figure ;
Tu commandes, la proue en cherche les confins ;
Et si, pour lui fermer ces mobiles chemins,
L'éclair luit, le ciel tonne et fait trembler la terre,
Un fil court dans la nue arrêter le tonnerre,
Il défend à ses traits de toucher nos vaisseaux,
La foudre obéissante expire sous les eaux.
Ainsi pour le pilote affermi sur les ondes
Le génie inventeur, les sciences fécondes,
Épuisent à ta voix leurs tributs généreux :
Mais tu veux qu'à son tour, par un échange heureux,
L'art des navigateurs, dans sa noble carrière,
De leur flambeau sacré nourrisse la lumière ;
Juges et confidents de ces rêves divins,
La Sagesse a livré l'univers aux marins ;
Qu'ils aillent désormais, témoins irrécusables,
Soulever lentement ces voiles redoutables
Que perça de Newton l'effort audacieux,

Ou qu'un dieu tout à coup déchira sous ses yeux,
Sous le tropique ardent, sous les glaces de l'Ourse,
Et Lapeyrouse et Cook vont diriger leur course;
Les voyez-vous vainqueurs des climats et des vents,
De la terre et des cieux observateurs savants,
Du grand astre de l'Ours mesurer l'orbe immense,
Tantôt sur l'horizon qu'enflamme sa présence,
Dans un cristal fragile abaisser la hauteur,
Tantôt suivre le cours des travaux de sa sœur,
Et par elle éclairés dans la nuit la plus sombre,
Interroger encor ses rayons et son ombre.
Ces globes lumineux, leurs mouvements égaux,
Leur distance, leur marche, en guidant nos vaisseaux,
Révèlent aux mortels qu'un feu céleste anime
Des lois de l'univers le mystère sublime;
C'est alors qu'entouré de ces sages fameux,
Une main sur les flots et l'autre dans les cieux,
Laplace, triomphant de l'erreur détrônée,
Dévoile tout l'olympe à la terre étonnée;
Ses immortels rivaux, Copernic et Newton,
Laissaient entre eux un rang que va remplir leur nom.

ESMÉNARD.

Découverte de la Boussole.

Le poète feint que le géant des mers du
Nord irrité contre une nymphe, qui avait
guidé un vaisseau dans les régions hyper-
borées, la prive de la lumière du jour, et
la condamne à vivre au sein d'une pierre.
Cette pierre est l'aimant. Le vaisseau livré
aux fureurs de la tempête vient échouer
sur les côtes de Naples, et la pierre d'aimant qu'il portait roule sur le rivage :

Du vaisseau submergé le déplorable guide,
Échappé seul aux flots de ce gouffre homicide,
Courut dans Amalfi raconter son malheur,
Et révéla comment un dieu persécuteur
De la nymphe captive étouffant le génie,
Dans une pierre obscure emprisonnait sa vie.
On dit qu'un vieux pilote à ces mots indiscrets
De l'aimant méconnu soupçonna les secrets ;
Sur les divers métaux éprouvant sa puissance,
Il découvrit du fer la prompte obéissance ;

Unis et suspendus bientôt leur mouvement
Frappe la néréide, et, depuis ce moment,
Par une injuste loi, vainement opprimée,
La nymphe respirant sous la pierre animée,
Fidèle à son instinct, guide encor les vaisseaux ;
Mais à peine emporté sur l'abîme des eaux
Vers le sombre horizon le navire s'élance,
La faible déité s'inquiète, balance,
Et toujours aux nochers, par des signes certains,
Montre l'astre du pôle et ses dieux inhumains.

ESMÉNARD.

LES VARIATIONS DE LA BOUSSOLE

À CINQ DEGRÉS DE L'ÉQUATEUR.

Sur une mer sans borne il (1) guide leur audace,
Et de ses premiers pas laissant au loin la trace,
Il va montrer sa voile au brûlant équateur ;
Bientôt la déité qui du navigateur
Par un penchant secret suit et règle la course,
Ne fixe plus l'aimant vers les astres de l'Ourse :
Loin de ces flots glacés qui trompèrent ses vœux,
Elle oublie à la fin, sous un ciel plus heureux,

(1) Christophe Colomb qui découvrit l'Amérique. Ces variations de
la boussole se firent sentir dans son deuxième et son troisième voyage.

Le vieux tyran du Nord et sa propre infortune ;
Et son doigt, confident des secrets de Neptune,
Vers le pôle ennemi cessant d'être incliné,
Annonce un nouveau monde au pilote étonné.

ESMÉNARD.

L'HORLOGE DE SABLE.

. . . . C'est en vain que l'Aurore,
De son époux vieilli respectant le sommeil,
N'ouvre plus l'orient aux coursiers du Soleil (1) ;
Le père des saisons sous un voile perfide
Se cache aux nautonniers ; mais le sable rapide,
Par deux globes égaux qu'il remplit tour à tour,
Dans sa prison de verre a mesuré le jour,
Et du temps qui s'enfuit, emblème trop fidèle,
Retrace tous les pas de sa course immortelle.

ESMÉNARD.

(1) Vers le pôle.

Description

DES QUATRE PARTIES DU JOUR

SUR MER.

L'AURORE.

L'Aurore dont les pleurs accusent l'hyménée
Parait vers l'orient de roses couronnée :
Dans nos climats chéris son éclat incertain
Pénètre lentement les ombres du matin.
La nuit déjà n'est plus, le jour n'est point encore,
Et le ciel indécis, qu'un feu léger colore,
Emprunte de la jeune et fraîche déité
Ce teint de la pudeur et de la volupté ;
Mais aux mers du midi, de ses flammes sacrées,
A peine elle a rougi les voûtes éthérées,
A peine de la nuit le char silencieux
Vers le sombre occident touche aux bornes des cieux,
Tout à coup entraînant l'astre qui le devance,
Comme un fleuve embrasé le dieu du jour s'élance,
Engloutit dans son sein l'épouse de Tithon,
Et d'un torrent de feu inonde l'horizon ;

L'onde même s'enflamme, et la nature entière
En sortant de la nuit nage dans la lumière.

ESMÉNARD.

LE MIDI.

Mais les moments sont chers ; de l'astre des saisons
Dans un cristal étroit concentrant les rayons,
Le pilote a fixé sa lumière épurée,
Et du jour qui s'enfuit partagé la durée.
Ce globe sur sa tête arrêté dans les airs
Lui trace dans le ciel sa route sur les mers.
Qui pourrait, ô Soleil ! démentir tes oracles ?
L'art des navigateurs fier de tant de miracles
Redoute ton absence, et timide, incertain,
N'ose se confier qu'à ton flambeau divin ;
Mais tant que de tes feux l'azur des cieux rayonne,
Au souffle du zéphir le nocher s'abandonne,
Et s'avance, orgueilleux de ton céleste appui,
Vers ces mondes nouveaux qui s'ouvrent devant lui.

ESMÉNARD.

LE SOIR.

Cependant le soleil sur les ondes calmées
Touche de l'horizon les bornes enflammées ;

Son disque étincelant qui semble s'arrêter
Revêt de pourpre et d'or les flots qu'il va quitter;
Il s'éloigne, et Vesper commençant sa carrière
Mêle au jour qui s'éteint sa timide lumière;
J'entends l'airain pieux dont les sons éclatants
Appellent la prière et divisent le temps.
O spectacle touchant, ravissantes images,
Tandis que l'œil fixé sur un ciel sans nuages,
Du prêtre dont la voix semble enchaîner les vents,
Les nautonniers émus répètent les accents,
Le couchant a brillé d'une clarté plus pure;
L'océan de ses flots apaise le murmure,
Et seule interrompant ce concert solennel,
La prière s'élève aux pieds de l'Éternel.

ESMÉNARD.

LA NUIT.

La toile qui gémit sous le nœud qui la presse
Modère du vaisseau l'imprudente vitesse;
On craint l'ombre perfide et les écueils couverts,
Et jusqu'au jour naissant tous les yeux sont ouverts;
Mais ces moments encore ont de paisibles charmes:
La lune du pilote éclairant les alarmes
Fait briller sur les flots à son pouvoir soumis
Son croissant favorable et ses rayons amis;

L'onde qui réfléchit sa lumière argentée,
Du souffle le plus doux semble à peine agitée,
Et seul en mouvement dans le calme des airs,
Zéphir vient effleurer la surface des mers.
Du flambeau de la nuit la clarté vive et pure,
En guidant les nochers dévoile la nature;
Peut-être en ce moment un jeune audacieux,
Que Delambre instruisit à lire dans les cieux,
Dans leur voûte d'azur voit tout à coup paraître
Une étoile échappée aux regards de son maître;
Aussitôt le pilote en observe le cours,
Son art qui d'Uranie emprunte le secours
Découvre les rapports de l'olympe et des ondes,
Et reconnait la loi qui fait mouvoir les mondes.

ESMÉNARD.

Les Cieux

DEVENUS LA CONQUÊTE DU GÉNIE.

Le Génie est amant des grottes, des ombrages;
Des ruisseaux égarés il cherche les rivages;
Les antiques Buffons, les modernes Thalès,
Aiment ces bords secrets consacrés à Palès;

Sur la cime des monts que les sapins couronnent,
L'ame prend la hauteur des cieux qui l'environnent,
Par un commerce heureux s'y mêle au pur éther,
Et semble y respirer l'ame de Jupiter.
C'est de là que nos yeux, sans voiles, sans obstacles,
De la nature entière embrassent le spectacle ;
C'est de là que prenant un vol rapide et sûr,
Jusqu'où le ciel étend ses pavillons d'azur,
Une sphère à la main la sublime Uranie
De l'olympe foulait la carrière aplanie,
Des abimes du ciel tentait la profondeur,
De la terre inclinée alongeait la rondeur,
Depuis qu'un verre armant l'œil de nos Zoroastres,
Fit descendre le ciel et nous prêta les astres.
Elle entraine à son char ce peuple étincelant
D'étoiles que nourrit un feu pur et brillant,
Ce soleil écoulé d'une source première,
Astre d'or qui répand des fleuves de lumière,
Et Mercure, et ce globe aux rayons empruntés,
Réparant l'or du jour par ses feux argentés,
Vénus et Jupiter, Mars et le noir Saturne
Qui roule loin de nous son globe taciturne,
Ce flux et ce reflux de l'océan des airs,
Ces astres balancés dans leurs vastes déserts,
Les fuites, les retours, les cercles, les ellipses,
Des feux dont nos calculs ont prédit les éclipses.

Qu'il est beau de franchir loin des vulgaires yeux
Ces abîmes d'azur où nagent tant de cieux !
Par quel rapide essor la sublime pensée,
Des prisons du cerveau tout à coup élancée,
Suit-elle dans leur cours ces vastes tourbillons
Qui tracent sur l'éther d'invisibles sillons ?
L'homme a conquis l'olympe, et ses mains souveraines
De ces chars lumineux semblent tenir les rênes ;
Képler leur imposa ses immortelles lois ;
O merveille ! Newton détermina leur poids.
L'astre enflammé du jour, fixe dans son empire,
Est le centre immortel des astres qu'il attire ;
Vers un côté des cieux dussent-ils peser tous,
Leur centre resterait dans son globe jaloux.
Pourrait-il en sortir quand ce globe rassemble
Quatre cents fois le poids de tant d'astres ensemble ?
Telle on voit la physique embrasser l'univers ,
Et sa hauteur n'a rien d'inaccessible aux vers.

LEBRUN. (La Nature.)

FIN.

ŒUVRES COMPLÈTES DE VOLTAIRE,

Avec des notes historiques, scientifiques et littéraires, par MM. Auguis, Clogenson, Daunou, Étienne, Louis Dubois, Ch. Nodier, etc. ; imprimées par Jules Didot, sur papier cavalier vélin d'Annonay. Prix de chaque volume.......... 7 fr. 50 c.

— Pap. Jésus d'Annonay, tiré à 18 ex.   25   »

— Très-grand papier de Hollande, tiré à 6 exemplaires................. 36   »

ŒUVRES DE J. J. ROUSSEAU,

Avec des éclaircissements et des notes; imprimées par Jules Didot, sur papier cavalier vélin d'An-nonay. Prix de chaque volume........ 7 fr. 50 c.

ŒUVRES COMPLÈTES DE BUFFON,

Mises en ordre et précédées d'une notice par A. Ri-chard; suivies de deux volumes sur les progrès des sciences naturelles depuis la mort de Buffon, par M. le baron Cuvier, et accompagnées d'un atlas de 300 planches coloriées et retouchées au pinceau ; 40 volumes grand in-8, impr. par Jules Didot, sur papier cavalier vélin superfin, tiré à 300 exem-plaires. Prix de chaque volume avec un cahier de planches .... 15 fr.

ŒUVRES COMPLÈTES DE LAMARTINE,

Augmentées de poésies inédites, précédées d'une introduction par Ch. Nodier, et ornées du portrait de l'auteur et d'une suite de vignettes gravées à Londres sous la direction de Robinson, d'après les dessins de Desenne. Deux vol. in-8 imprimés par Firmin Didot, sur papier vélin..... 34 fr.
—Les mêmes, gr. raisin vél., fig. avant la lettre. 68

ŒUVRES DU CARDINAL DE BERNIS.

1 vol. in-8. Papier d'Annonay, portrait..... 6 fr.
— Pap. cavalier vélin d'Annonay, portrait sur papier de Chine. 9
—Papier Jésus vélin, portrait avant la lettre. 25
— Très-grand papier de Hollande, portrait et eau-forte sur papier de Chine ...., 30

ŒUVRES DE RABELAIS,

Édition *variorum*, augmentée des Songes drolatiques de Pantagruel, des remarques de Le Duchat, de Bernier, de Le Motteux, de Marsy, de Voltaire, de Ginguené, etc., et d'un nouveau commentaire historique et philologique, par MM. Esmangart et Éloy Johanneau. — Cette édition, sortie des presses de M. Jules Didot, est ornée de 120 caricatures gravées sur bois par Thompson, et de 12 vignettes exécutées en taille-douce, d'après les dessins de Devéria. 9 vol. in-8, papier d'Annonay satiné..... 110 fr.

SATYRE MÉNIPPÉE

DE LA VERTU DU CATHOLICON D'ESPAGNE ET DE LA TENUE DES ÉTATS DE PARIS,

Augmentée de notes tirées des éditions de Du Puy et de Le Duchat, et d'un commentaire historique, littéraire et philologique, par Ch. Nodier; ornée de trois vignettes en taille-douce et de six gravures à l'eau-forte, d'après les dessins de Devéria. 2 vol. in-8, imprimés par Jules Didot. Pap. fin d'Annonay. . . . . 20 fr.

—Papier cavalier d'Annonay, fig. sur pap. de Chine 30

—Grand pap. Jésus, fig. avant la lettre. 60

—Très-grand pap. de Hollande, tiré à 12 exempl., fig. avant la lettre et eaux-fortes. . 100

ŒUVRES COMPLÈTES DE VAUVENARGUES.

2 vol. in-8, nouvelle édition, précédée d'une Notice sur la vie et les ouvrages de l'auteur, par M. *Suard*, membre de l'Institut; de son éloge par Voltaire et Marmontel; accompagnée des notes de Voltaire, Morellet et Suard. On y joint :

ŒUVRES POSTHUMES DE VAUVENARGUES.

1 vol. in-8, précédé de l'éloge de l'auteur, par M. *de Saint-Maurice*, ouvrage couronné par l'Académie d'Aix, qui avait proposé cet éloge pour le concours de 1820. Les 3 vol. in-8, imprimés avec le plus grand soin, sur pap. superf. d'Angoulême. . 18 fr.

ŒUVRES CHOISIES DE PARNY.

Joli volume in-24 très-bien imprimé par G. Doyen
en caractères dits *nompareille*, sur papier superfin
d'Annonay . . . . 3 fr.

COLLECTION DE PETITS CLASSIQUES
FRANÇAIS,

Publiée par Ch. Nodier et N. Delangle, dédiée à
S. A. R. Madame Duchesse de Berry.

Cette charmante collection, tirée seulement à 500 exemplaires, Imprimée par Jules Didot, sur papier superfin d'Annonay fabriqué exprès, est enrichie de fleurons, arabesques, culs-de-lampe, et lettres ornées à l'instar des éditions elzéviriennes, gravés sur bois par Thompson, d'après les dessins de Devéria.

Huit volumes sont en vente :

Madrigaux de La Sablière.
Conjuration de Fiesque, par le cardinal de Retz.
Voyage de Chapelle et Bachaumont.
Poésies du chevalier d'Aceilly.
La Guirlande de Julie.
Relation des campagnes de Rocroy et de Fribourg.
Œuvres choisies de Sarrazin.
Poésies choisies de Sénecé.

Prix de chaque vol. in-16 :

Papier d'Annonay. . . . .   7 fr. 50 c.
Papier de Hollande, tiré à 25 exemp.   15   »
Papier de Chine, tiré à 6 exempl. . . .   30   »

RAPPORT DE LA NATURE A L'HOMME
ET DE L'HOMME A LA NATURE,

Ou essai sur l'instinct, l'intelligence et la vie; par M. le baron Massias. 4 vol. in-8. . . . . 22 fr.

THÉORIE DU BEAU ET DU SUBLIME,

Ou loi sur la reproduction par les arts, etc.; faisant suite au *Rapport de la nature à l'homme;* par M. le baron Massias. 1 vol. in-8. . . . . . 6 fr.

PROBLÈME DE L'ESPRIT HUMAIN,

Ou origine, développement et certitude de nos connaissances; par M. le baron Massias. 1 vol. in-8. 5 fr.

NAPOLÉON JUGÉ PAR LUI-MÊME,
PAR SES AMIS ET SES ENNEMIS;

Par M. le baron Massias. 1 vol. in-8. . . . . . 7 fr.

MAXIMES DE LA ROCHEFOUCAULD,

Avec leurs paronymes; par le baron Massias. 1 vol. in-18, gr. raisin . . . . 2 fr.

COURS DE LITTÉRATURE,
DE PHILOSOPHIE, DE POLITIQUE ET DE MORALE;

Par M. le baron Massias; 4 vol. in-18 :
Tome premier, Principes de littérature. . . 3 fr.
Tome deuxième, Principes de philosophie. 3 fr.
Les deux autres volumes sont sous presse.

COLLECTION DES MÉMOIRES

RELATIFS A L'HISTOIRE DE FRANCE,

Depuis la fondation de la monarchie française jusqu'au xiiie siècle (*règne de saint Louis*), avec une introduction, des suppléments, des notices et des notes; par M. Guizot, professeur d'histoire moderne à l'Académie de Paris. 30 volumes in-8 et 1 volume de tables. . . . . 192 fr.

Cette Collection est le complément indispensable des *deux séries de mémoires* publiées sous le même titre par M. Petitot; elle s'arrête précisément à l'époque où ces derniers commencent, et forme ainsi, avec eux, une *Histoire de France complète*, entièrement écrite par des contemporains.

COLLECTION DE MÉMOIRES

RELATIFS A LA RÉVOLUTION D'ANGLETERRE,

Trad. de l'angl. par M. Guizot, et accompagnés d'une introduction, de notes, etc. 26 vol. in-8. 156 fr.

ŒUVRES COMPLÈTES DE DIDEROT,

Précédées de *Mémoires historiques de sa vie et de ses ouvrages*, extraits des *Mémoires* de Naigeon, et dans lesquels on a conservé tout ce qui est véritablement historique; 22 vol. in-8, ornés d'un beau portrait de Diderot. . . . . 132 fr.

Cette édition, la seule complète, renferme le double des matières contenues dans celles données par Naigeon. Elle a été faite en grande partie sur les manuscrits autographes.

RÉPERTOIRE UNIVERSEL ET RAISONNÉ
DE JURISPRUDENCE;

Par M. Merlin, ancien procureur-général à la Cour de cassation. Quatrième édition, corrigée, réduite aux objets dont la connaissance peut encore être utile, et augmentée : 1° d'un grand nombre d'articles ; 2° de notes indicatives des changements apportés aux lois anciennes par les lois nouvelles ; 3° de Dissertations, de Plaidoyers et de Réquisitoires de l'auteur sur les unes et les autres. 15 gros vol. in-4°, imprimés sur deux colonnes, en caractère petit romain, grande justification............ 270 fr.

Le succès des trois premières éditions du *Répertoire de Jurisprudence*, et l'extrême rapidité avec laquelle elles se sont épuisées sont une preuve incontestable du mérite de cet ouvrage, qui offre au magistrat, au jurisconsulte et au simple citoyen des notions aussi exactes qu'approfondies de toutes les matières du droit.

C'est une espèce de Dictionnaire qui, tandis qu'il sert aux uns d'indicateur, peut tenir lieu aux autres de cette immensité de livres de jurisprudence, dont souvent l'on parcourt à peine les tables, à la connaissance desquels la vie entière ne suffit pas, et dont la réunion, impossible par la rareté de quelques-uns, est souvent encore au-dessus des fortunes particulières

—Le même, tome XVI, ou supplément à la quatrième édition................................. 18 fr.
— Le même, tome XVII. Ce volume complète la série alphabétique supplémentaire........... 18 fr.

QUESTIONS DE DROIT,

Recueil par ordre alphabétique ; par M. le comte Merlin, ancien procureur-général à la Cour de cassation. Troisième édition, 6 vol. in-4.... 96 fr.

JEU DE FABLES

Tirées des meilleurs fabulistes, pour faire suite au Jeu
de lecture, par M. Jouy. — Ce jeu est composé de
48 cartes, renfermées dans un étui. Prix. . . 2 fr.
— Avec un étui en forme de livre 3

BYRONIENNES,

Élégies, suivies d'autres pièces élégiaques; par M. Eu-
gène Gromier. . . . . 3 fr.

HELLÉNIDES,

Par M. Roch. In-8. . . . . 2 fr.

POÈME DITHYRAMBIQUE
SUR LA MORT DE LORD BYRON,

Cinquième hellénide; par M. Roch. In-8. 1 fr. 25 c.

Sous Presse :

POÉSIES DE M. CH. NODIER,
BIBLIOTHÉCAIRE DU ROI, A L'ARSENAL;

Recueillies et publiées par N. Delangle. 1 vol. in-18,
papier fin. . . . . 4 fr.

DIALOGUES FAMILIERS ET FACILES,
EN FRANÇAIS, EN ANGLAIS ET EN GREC;

Par M. Théocharopoulos. 1 vol. in-12. Prix.

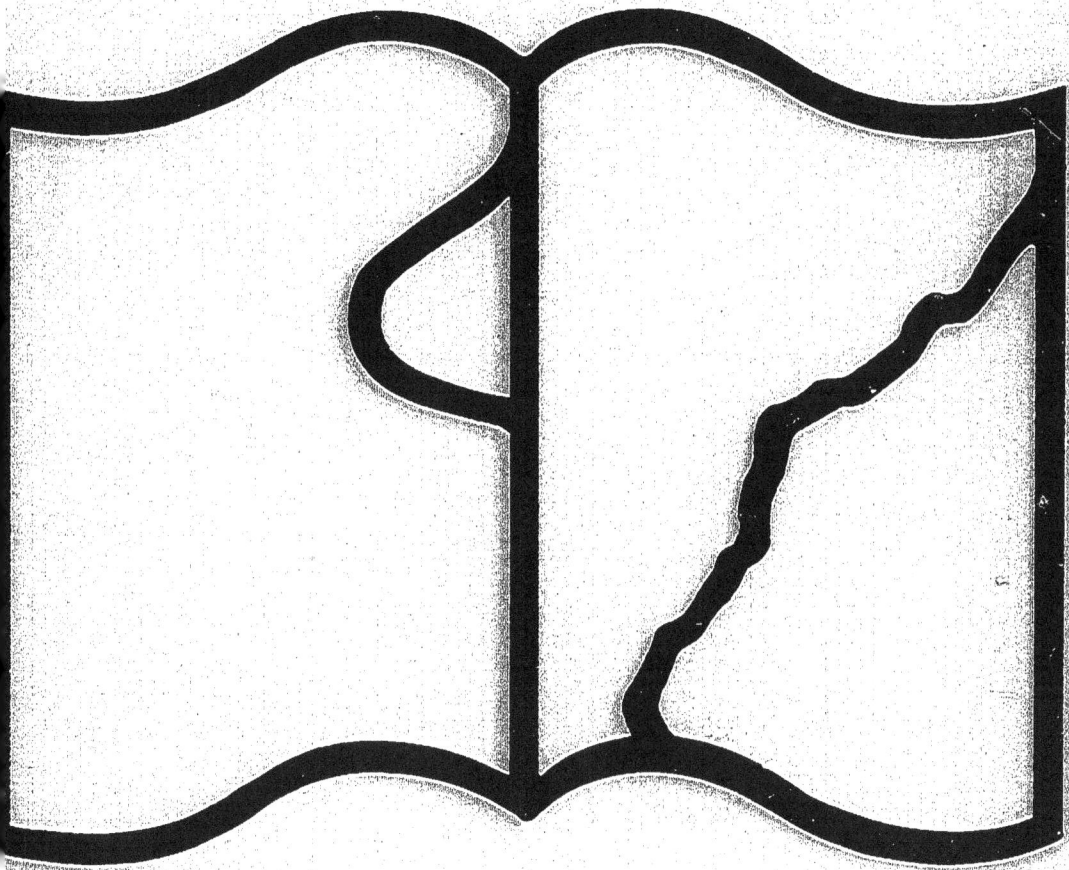

Texte détérioré — reliure défectueuse

NF Z 43-120-11

Contraste insuffisant

NF Z 43-120-14